国家林业和草原局普通高等教育"十三五"规划教材

U0215487

CONSTRUCTION DRAWING AND READING FOR
INTERIOR DECORATION ENGINEERING

室内装饰工程
施工图绘制与识读

主 编
郭洪武 罗 斌

副主编
刘 毅 刘红光

中国林业出版社

内 容 简 介

针对现代室内装饰工程制图与识图的要求，本教材详细地介绍了室内装饰工程制图的基本原理、方法和步骤，图纸会审的要求与方法，以及施工图制图中应注意的问题及解决办法。本教材图文并茂、实用性突出、可操作性强，适合作为本科环境艺术、建筑学等专业教材，还可作为高职高专、自考的室内设计、环境艺术、建筑类专业教材，广大从事室内建筑装饰设计的技术人员及业余爱好者也可参考使用。

图书在版编目（CIP）数据

室内装饰工程施工图绘制与识读 / 郭洪武, 罗斌主编. -- 北京：中国林业出版社, 2018.4（2025.1重印）
国家林业和草原局普通高等教育"十三五"规划教材
ISBN 978-7-5038-9537-1

Ⅰ.①室… Ⅱ.①郭… ②罗… Ⅲ.①室内装饰—工程施工—建筑制图—高等学校—教材②室内装饰—工程施工—识图—高等学校—教材 Ⅳ.①TU767

中国版本图书馆CIP数据核字(2018)第075970号

国家林业和草原局生态文明教材及林业高校教材建设项目

中国林业出版社·教育出版分社

策划、责任编辑： 杜　娟
电　　话：(010) 83143553　　　　　**传　　真：**(010) 83143516

出版发行　中国林业出版社 (100009 北京市西城区德内大街刘海胡同7号)
　　　　　　E-mail: jiaocaipublic@163.com　电话：(010)83143500
　　　　　　http://lycb.forestry.gov.cn
经　销　新华书店
印　刷　北京中科印刷有限公司
版　次　2018年6月第1版
印　次　2025年1月第2次印刷
开　本　889mm×1194mm　1/16
印　张　11.5
字　数　490千字　数字资源2个
定　价　36.00元

　　室内装饰工程施工图既是室内装饰工程设计的语言，也是施工管理的主要依据，标准的工程施工图是提高工程质量的重要条件。因此，加强和提高学生的专业基础，强化装饰设计制图的基础训练是必要的。装饰设计作为建筑设计的延续，在制图中大多按照建筑制图的方法表达设计思想，但又根据装饰设计的特点形成了具有装饰设计特点的图示语言，从而装饰施工图形成了一些行之有效的方法，但存在着图示语言的随意性和差异性，影响了设计思想的交流。为了能在统一、规范国内装饰标准中做一些工作，特编写《室内装饰工程施工图绘制与识读》。

　　本教材在编写过程中本着实用和适用的原则，结合了建筑制图相关标准、室内装饰制图相关标准以及室内装饰工程的实际案例，力求适合高等教育教学与自学的特点，内容精练透彻，通俗实用，图文并茂，与教学基本要求相比，在内容上有所加深、加宽。本书除作为本科的环境艺术、建筑学、城乡规划等专业教材外，还可供高职高专、自考的室内设计、环境艺术、建筑学、城乡规划等专业选用，并可作为从事室内装饰设计的技术人员的参考用书。

　　本教材获北京林业大学教育教学研究项目（BJFU2018JYZD007）资助。本教材由北京林业大学教师团队完成编写，第1至3章由罗斌编写，第4、5章由郭洪武和罗斌编写，第6、7章由刘毅和刘红光编写。

　　本教材由北京林业大学张亚池教授和李黎教授主审，他们对书稿进行了认真细致的审阅，并提出了极为宝贵的意见，在此谨致以衷心的感谢！

　　本教材在编写过程中还得到了张健、吴静、吴宇晖、晏安然和张佳钰等研究生的大力支持和帮助，在此一并表示感谢！

　　由于编者的水平和条件所限，加之时间仓促，书中不妥之处在所难免，欢迎广大同仁和读者批评指正。

郭洪武

2017年12月

目录

CONTENTS ↘

第1章
室内装饰施工图基础

室内装饰工程是根据建筑物的使用性质、所处环境和相应标准，综合运用现代物质手段、技术手段和建筑美学原理，创造功能合理、舒适优美、满足人们物质和精神生活需要的室内空间环境。这一空间环境既具有使用价值、满足相应的功能要求，同时也反映了历史文脉、建筑风格、环境气氛等精神因素。室内装饰工程设计是建筑设计的重要组成部分，也是进行室内装饰工程施工的依据。

室内装饰工程设计的表现方法通常是图样，图样就像人们日常生活中所用的语言一样，是工程技术上用于交流的语言。表达和交流设计思想、展现设计理念和描述设计原理都需要用图样来表述，通过对图样的识读和理解，才可以根据设计要求进行相应的施工和验收。对于这门特殊语言，需要有相应的表达方式和要求，也就是工程图样的投影理论、作图方法以及图样的表达规则和识读方法。对于从事建筑设计、室内装饰工程设计、家具设计及相应施工人员来说，掌握室内装饰工程图样的识读和绘制是至关重要的。

1.1　室内装饰概念

所谓室内就是指建筑的内部空间，室内装饰是指经过装修处理之后对家居的进一步装潢修饰。室内装饰着重外观和视觉方面的研究，借此来提高生活环境的质量和突出家庭的个性。室内装饰的内容一般包括对地面、墙面、顶棚等界面的处理，装饰材料的选用，以及对家具、灯具和陈设物品的选用和配置。

室内装饰风格多种多样，各个国家和地区装修风格有很大差异，大致可以分为以下几类：

1.1.1　古典中式风格

古典中式风格以中式园林建筑、中国明清时期的传统家具为室内陈设和以黑、红为主色调构成的装饰色彩为代表。中国传统室内设计的特点是总体布局对称均衡、端正稳健、格调高雅，具有较高的审美情趣和社会地位象征。

由于现代建筑很少能够提供中国传统的室内构件，所以古典中式风格主要体现在家具、装饰和色彩方面。

中式家具是体现中式风格家居的主角，中国传统室内家具有床、桌、椅、凳、案等，擅用紫檀、楠木、核桃木等木材，表面施油而不施漆。中国传统室内陈设包括字画、匾额、瓷器等。在装饰细节上崇尚精雕细琢、富于变化，追求一种修身养性的生活境界。

1.1.2　古典欧式风格

古典欧式风格的特点是重视比例与尺度的把握，其次是背景色调的作用，由墙纸、地毯、窗帘等装饰织物组成的背景色调对控制整体效果起到决定性的作用。在色彩上主要以红蓝、红绿、粉黄色为色调关系，能够充分体现出华丽、高贵的情调。

新古典欧式风格是继承了古典风格中的精华部分并予以提炼的结果。它摒弃了古典风格的烦琐，但又不失豪华与气派。其特点是以直线为基调、追求整体比例的美，对复杂的装饰予以简化或抽象化，表现出注重理性、讲究节制、结构清晰的精神。

1.1.3　现代风格

现代风格也可称现代简约风格，它是当前最具影响力的一种设计风格。现代风格是随着现代派建筑的兴起以及各种新型材料的出现而逐渐发展起来的。现代风格在居室设计中主张简洁、明快的格调，强调使用功能以及造型的简洁化和单纯化，"少即是多"是对现代风格精髓的最好概括。

　　在具体的设计中现代风格特别重视对室内空间的科学合理利用，强调室内按功能区分的原则，家具布置与空间功能密切结合，主张废弃多余的、烦琐的、与功能无关的附加装饰。在装饰手法上注重室内各种用品、器物之间的统一和谐。材料方面大多采用最新工艺与科技生产的材料，例如玻璃、皮革、金属等。室内光线色彩以柔和、淡雅的色调为主，努力创造出一种宁静、舒适的整体室内气氛。

1.1.4　后现代风格

　　后现代风格具有对现代主义纯理性的逆反心理，它反对现代风格所主张的少即是多的观点，认为现代风格所追求的简洁单一过于冷漠、缺少人性化，已不能满足现代样化的需求，后现代风格主张在美化装饰居室时要兼容并蓄，只要能够保证整体协调，无论古今中外都要加以采用。

　　后现代主义强调室内装饰效果，推崇多样化，反对简单化和模式化，追求色彩特色和室内意境。后现代风格使室内装饰的空间组合趋向繁多和复杂，天花和墙面的装修选用加减法，营造一种空间相互穿插的感觉，使空间的整体联系感更加强。后现代风格还多用夸张、变形、断裂、叠加等手法，形成隐喻象征意义的居室装饰格调。另外后现代风格还常用抽象而富有想象的装饰品突出画龙点睛的作用。后现代风格家居极力张扬个人主义，其设计难点是如何使多种风格在兼容并蓄中达到统一、和谐，而不会使人产生生硬感和拼凑感。

1.1.5　自然风格

　　自然风格力求表现悠闲、舒畅、田园的生活情趣，这种设计理念正好满足了高节奏生活下现代人回归自然、贴近自然的愿望，使人们在家中可以更好地减轻压力、舒缓身心。

　　自然风格的设计摒弃了人造材料制品，一般情况下厅、窗、地面均用原木材质，木质以涂清油为主，透出原木特有的结构和纹理。局部墙面用粗犷的毛石或大理石同原木相配，使石材特有的粗犷纹理打破木材略显细腻和单薄的风格。织物也是自然风格设计中的重要元素，在织物质地的选择上多采用棉、麻等天然制品。家具多采用藤竹材质，除了家具的材质以外，自然风格还强调家具和陈列品的随意、自然摆放。在绿化方面注重结合家具陈设来加以布置绿化，使植物能够融于居室、相得益彰。

1.2　室内装饰工程设计

　　室内装饰工程实施之前要进行室内装饰设计，进行室内装饰工程设计的目的是根据建筑造型和使用需求创造合理、舒适、优美的室内环境，以满足人们的使用和审美需求。

　　室内装饰工程设计根据建筑物的使用功能可分为居住空间设计、公共空间设计、工业空间设计、农业空间设计四大类。

1.2.1　居住空间室内设计

　　居住空间室内设计主要涉及住宅、公寓和宿舍的室内设计，具体包括玄关、客厅、餐厅、书房、卧室、厨房和浴室等空间的设计。

1.2.2   公共空间室内设计

公共空间室内设计主要包括以下内容：

（1）文教空间设计：主要涉及幼儿园、学校、图书馆、科研楼等建筑的室内设计，具体包括门厅、过厅、中庭、教室、活动室、阅览室、实验室、机房等空间的设计。

（2）医疗空间设计：主要涉及医院、社区诊所、疗养院等建筑的室内设计，具体包括门诊室、检查室、手术室和病房等空间的设计。

（3）办公空间设计：主要涉及行政办公楼和商业办公楼内部的办公室、会议室以及报告厅的室内设计。

（4）商业空间设计：主要涉及商场、便利店、餐饮的室内设计，具体包括营业厅、专卖店、酒吧、茶室、餐厅的室内设计。

（5）展览空间设计：主要涉及各种美术馆、展览馆和博物馆的室内设计，具体包括展厅和展廊等空间的设计。

（6）娱乐空间设计：主要涉及各种舞厅、歌厅、KTV、游艺厅的室内设计。

（7）体育空间设计：主要涉及各种类型的体育馆、游泳馆的室内设计，具体包括用于不同体育项目的比赛和训练及配套的辅助用房的设计。

（8）交通空间设计：主要涉及公路、铁路、水路、民航的车站、候机楼、码头等建筑的室内设计，具体包括候机厅、候车室、候船厅、售票厅等空间的设计。

1.2.3   工业空间室内设计

工业空间设计主要涉及各类厂房的车间和生活间及辅助用房的室内设计。

1.2.4   农业空间室内设计

农业空间室内设计主要涉及各类农业生产用房，如种植暖房、饲养房的室内设计。

1.3   室内装饰工程测量技术

室内装饰工程测量技术是利用合适的工具确定某个给定对象在某个给定属性上的量的程序或过程，也是绘制室内装饰工程图的依据。作为测量结果的量通常用数值表示。该数值是在一个给定的量纲或尺度系统下，由属性的量和测量单位的比值决定的。

1.3.1   室内装饰工程测量内容

（1）平面：门、窗、墙柱、阳台的建筑尺寸，以及空调、灶台、坐便器、洗漱盆、浴缸等设备的位置尺寸。

（2）立面：地板、天花、窗台、气窗、门、浴缸、坐便器、洗手盆、灶台、阳台、空调等位置高度，如果门窗的高度都是一样的话，不需要画出每个房间逐幅的立面，只要记录这些高度即可。

（3）原有水、电、煤气、电视、电话、供应设施的位置：例如，开关、电视、电话出线口、煤气表、煤气出气口等离地、离墙角的尺寸等。

（4）原有的家具、设备（如果装修后要继续使用的话）：原有的家具、设备如果装修后要继续使用的话，要记录它们的款式、尺寸、材料、颜色。测量时带一个数码相机，选择一些重要角度拍摄下来，以便设计时参考。

1.3.2　装饰工程测量步骤

为保证装饰工程绘图质量，提高绘图速度，除严格遵守国家制图标准，正确使用绘图工具与绘图仪器外，还应注意绘图的步骤与要求。

1.3.2.1　做好准备工作

绘制建筑装饰工程图前应做好充分的准备工作，以确保制图工作的顺利进行，制图准备工作主要包括以下几点：

（1）收集并认真阅读有关的文件资料，对所绘图样的内容、目的和要求作认真的分析，做到心中有数。

（2）准备好所用的工具和仪器，并将工具、仪器擦拭干净。

（3）将图纸固定在图板的左下方，使图纸的左方和下方留有一个丁字尺的宽度。

1.3.2.2　画底图

底图应用较硬的铅笔，如2H，3H等，绘制，经过综合、取舍，以较淡的色调在图纸上衬托图样具体形状和位置。画底图应符合下列要求：

（1）根据制图规定先画好图框线和标题栏的外轮廓。

（2）根据所绘图样的大小、比例、数量进行合理的图面布置，如图形有中心线，应先画中心线，并注意给尺寸标注留有足够的位置。

（3）画图形的主要轮廓线，由大到小，由整体到局部，直至画出所有轮廓线。为了方便修改，底图应轻而淡，能定出图形的形状和大小即可。

（4）画尺寸界线、尺寸线以及其他符号。

（5）最后仔细检查底图，擦去多余的底稿图线。

1.3.2.3　铅笔加深

图样铅笔加深应该使用较软的铅笔，如B，2B等；文字说明用HB铅笔。图样加深完后，应达到图面干净、线型分明、图线匀称、布图合理。铅笔加深应按下列顺序进行：

（1）先加深图样，按照水平线从上到下，垂直线从左到右的顺序一次完成。如有曲线与直线连接，应先画曲线，再画直线与其相连。各类线型的加深顺序是：中心线、粗实线、虚线、细实线。

（2）加深尺寸界线、尺寸线，画尺寸起止符号，写尺寸数字。

（3）写图名、比例及文字说明。

（4）画标题栏，并填写标题栏内的文字。

（5）加深图框线。

1.3.2.4　描图

描图是指设计人员在白纸（绘图纸）上用铅笔画好设计图，由描图人员在画好的设计图上覆一层硫酸纸，用绘图墨线笔将已经画好的设计图样画在硫酸纸上，描图的步骤与铅笔加深基本相同，如描图中出现错误，应等墨线干了以后用刀片刮去需要修改的部分，当修整后必须在原处画线时，应将修整的部位用光滑坚实的东西（如橡皮）压实、磨平，才能重新画线。

1.4 室内装饰工程制图标准

工程图样是工程技术领域交流的共同语言，是用来表达设计意图，交流技术思想的重要工具。因此，为了统一房屋建筑制图规则，保证制图质量，提高制图效率，便于设计思想交流，符合设计、施工和存档要求，适应工程建设的需要，国家制定了全国统一的建筑工程制图标准。《房屋建筑制图统一标准》（GB/T 50001—2010）是房屋建筑制图的基本规定，是各专业制图的通用部分；《房屋建筑室内装饰装修制图标准》（JCJ/T 244—2011）是室内装饰工程专业制图的行业标准。因此，本节参照以上两个标准，对室内装饰制图的图幅、图线、字体、比例和尺寸标注等基本制图标准进行阐述。

1.4.1 图纸幅面规格

图纸中应有标题栏、图框线、幅面线、装订边线和对中标志。为了便于图纸的保存和装订，保证图纸的整洁，国家标准中对图纸的图框尺寸、图幅格式、标题栏和会签栏尺寸做了相应的规定。

1.4.1.1 图框尺寸

图纸幅面及图框尺寸，应符合表1-1的规定。

表1–1　幅面及图框尺寸　　　　　　　　　　　　　　　　　　　　　　　mm

幅面尺寸	幅面代号				
	A0	A1	A2	A3	A4
$b \times 1$	841 × 1189	594 × 841	420 × 594	297 × 420	210 × 297
c	10			5	
a	25				

注：b为幅面短边长，l为幅面长边长，a为图框线到装订边间宽度，c为图框线到幅面线间宽度。

1.4.1.2 图纸幅面格式

A0 ~ A3图纸宜横式使用；必要时，也可立式使用。一个工程设计中，每个专业所使用的图纸，不宜多于两种幅面，但不含目录及表格所采用的A4幅面。图1-1与图1-2分别为横式和立式使用图纸的布置方式。

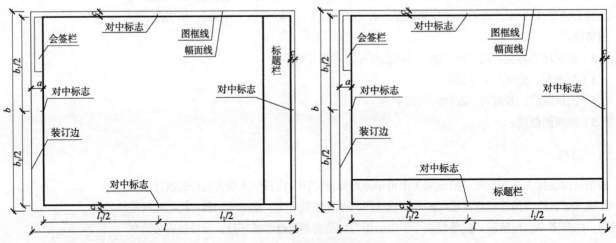

图1–1　A0 ~ A3横式幅面图纸布置

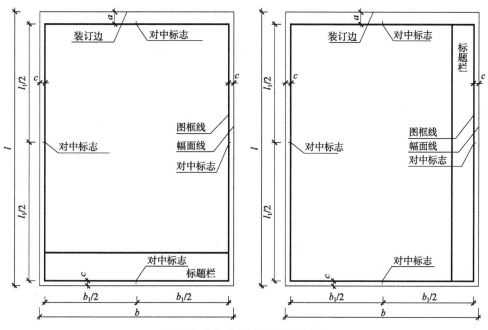

图1-2　A0~A4立式幅面图纸布置

1.4.1.3　标题栏和会签栏

　　每张图纸都应在图框下侧或右侧设置标题栏，标题栏应按图1-3所示的样式，根据工程需要选择确定其尺寸、格式及分区。

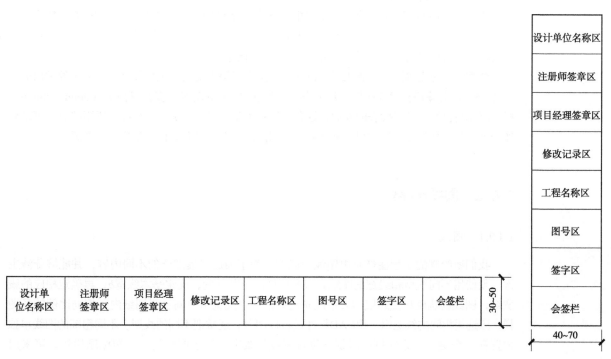

图1-3　标题栏样式

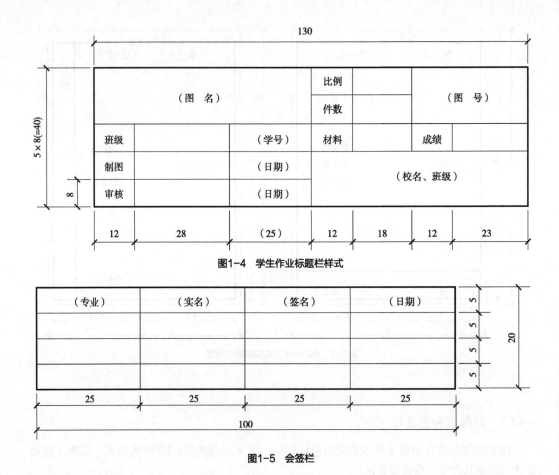

图1-4　学生作业标题栏样式

图1-5　会签栏

签字栏应包括实名列和签名列，并应符合下列规定：

（1）涉外工程的标题栏内，各项主要内容的中文下方应附有译文，设计单位的上方或左方，应加"中华人民共和国"字样。

（2）在计算机制图文件中当使用电子签名与认证时，应符合国家有关电子签名法的规定。例如，学生作业的标题栏应包含学校的名称、班级、学号、姓名等信息，一般按图1-4所示绘制，标题栏中内容可根据实际课程要求进行调整。

会签栏实为完善图纸、施工组织设计、施工方案等重要文件上按程序报批的一种常用形式（图1-5）。会签栏在建筑图纸上是用来表明信息的一种标签栏，其尺寸应为100mm×20mm，栏内应填写会签人员所代表的专业、姓名、日期（年、月、日）；一个会签栏不够时，可以另加一个，两个会签栏应该并列，不需要会签的图纸可以不设会签栏。学生作业图纸一般不需要绘制会签栏。

1.4.2　图线与字体

1.4.2.1　图线

我们所绘制的工程图样是由图线组成的，为了表达工程图样的不同内容，并能够分清主次，须使用不同线型和线宽的图线。根据图样的复杂程度，确定基本线宽b，再确定相应的线宽组，图线的宽度b一般从表1-2中优先选择前两组线宽组，同一张图纸内，相同比例的各图样，应选用相同的线宽组。用CAD软件进行作图时，通常把不同的线型、不同粗细的图线单独放置在一个层上，方便打印时统一设置图线的线宽。对于图纸的图框和标题栏线，可采用表1-3的线宽。

表1-2　室内装饰设计工程制图常用线型　　　　mm

线宽比	线宽组			
b	1.4	1.0	0.7	0.5
$0.7b$	1.0	0.7	0.5	0.35
$0.5b$	0.7	0.5	0.35	0.25
$0.25b$	0.35	0.25	0.18	0.13

注：①需要微缩的图纸，不宜采用0.18mm及更细的线宽。

②同一张图纸内，各不同线宽中的细线，可统一采用较细的线宽组的细线。

表1-3　图框线、标题栏线的宽度　　　　mm

幅画代号	图框线	标题栏外框线	标题栏分格线
A0、A1	b	$0.5b$	$0.25b$
A2、A3、A4	b	$0.7b$	$0.35b$

建筑装饰制图中的线型有：实线、虚线、单点长画线、双点长画线、折断线和波浪线等，其中有些线型分粗、中粗、中、细四种，在不同场合下使用不同类型的线型可以更清晰地描述所要绘制的图样，各类型图线的线型、宽度及一般用途见表1-4。

制图时还应注意以下问题（图1-6）：

（1）相互平行的图例线，其净间隙或线中间隙不宜小于0.2mm。

表1-4　图　　线

名称		线型	线宽	一般用途
实线	粗	——————————	b	主要可见轮廓线
	中粗	——————————	$0.7b$	可见轮廓线
	中	——————————	$0.5b$	可见轮廓线、尺寸线、变更云线
	细	——————————	$0.25b$	图例填充线、家具线
虚线	粗	– – – – – –	b	见各有关专业制图标准
	中粗	– – – – – –	$0.7b$	不可见轮廓线
	中	– – – – – –	$0.5b$	不可见轮廓线、图例线
	细	– – – – – –	$0.25b$	图例填充线、家具线
单点长画线	粗	— · — · —	b	见各有关专业制图标准
	中	— · — · —	$0.5b$	见各有关专业制图标准
	线	— · — · —	$0.25b$	中心线、对称线、轴线等
双点长画线	粗	— ·· — ·· —	b	见各有关专业制图标准
	中	— ·· — ·· —	$0.5b$	见各有关专业制图标准
	线	— ·· — ·· —	$0.25b$	假想轮廓线、成型前原始轮廓线
折断线	细	—————／\————	$0.25b$	断开界线
波浪线	细	～～～～	$0.25b$	断开界线

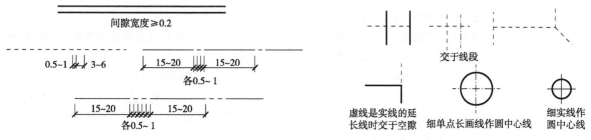

图1-6　图线绘制示例

（2）虚线、单点长画线或双点长画线的线段长度和间隔，宜各自相等。

（3）单点长画线或双点长画线，当在较小图形中绘制有困难时，可用实线代替。

（4）单点长画线或双点长画线的两端，不应是点。点画线与点画线交接点或点画线与其他图线交接时，应是线段交接。

（5）虚线与虚线交接或虚线与其他图线交接时，应是线段交接。虚线为实线的延长线时，不得与实线相接。

（6）图线不得与文字、数字或符号重叠、混淆，不可避免时，应首先保证文字的清晰。

1.4.2.2 字体

图纸上所需书写的文字、数字或符号等，均应笔画清晰、字体端正、排列整齐；标点符号应清楚正确。文字的字高，应从表1-5中选用。字高大于10mm的文字宜采用True type字体，如需书写更大的字，其高度应按$\sqrt{2}$的倍数递增。

图样及说明中的汉字，宜采用长仿宋体（矢量字体）或黑体，同一图纸字体种类不应超过两种。长仿宋体的宽度与高度的关系应符合表1-6的规定，黑体字的宽度与高度应相同。大标题、图册封面、地形图等的汉字，也可书写成其他字体，但应易于辨认。

汉字的简化字书写应符合国家有关汉字简化方案的规定。

图样及说明中的拉丁字母、阿拉伯数字与罗马数字，宜采用单线简体或ROMAN字体。拉丁字母、阿拉伯数字与罗马数字的书写规则，应符合表1-7的规定。

表1-5 文字的字高

字体种类	中文矢量字体	True type字体及非中文矢量字体
字高	3.5、5、7、10、14、20	3、4、6、8、10、14、20

表1-6 长仿宋字高宽关系

字高	20	14	10	7	5	3.5
字宽	14	10	7	5	3.5	2.5

表1-7 拉丁字母、阿拉伯数字与罗马数字的书写规则

书写格式	字体	窄字体
大写字母高度	h	h
小写字母高度（上下均无延伸）	$7/10\,h$	$10/14\,h$
小写字母伸出的头部或尾部	$3/10\,h$	$4/14\,h$
笔画宽度	$1/10\,h$	$1/14\,h$
字母间距	$2/10\,h$	$2/14\,h$
上下行基准线的最小间距	$15/10\,h$	$21/14\,h$
词间距	$6/10\,h$	$6/14\,h$

拉丁字母、阿拉伯数字与罗马数字书写时还应注意以下问题：

（1）拉丁字母、阿拉伯数字与罗马数字，如需写成斜体字，其斜度应是从字的底线逆时针向上倾斜75°，斜体字的高度和宽度应与相应的直体字相等。

（2）拉丁字母、阿拉伯数字与罗马数字的字高应不小于2.5mm。

（3）数量的数值注写应采用正体阿拉伯数字。各种计量单位凡前面有量值的，均应采用国家颁布的单位符号注写。单位符号应采用正体字母。

（4）分数、百分数和比例数的注写，应采用阿拉伯数字和数学符号。

（5）当注写的数字小于1时，应写出个位的"0"，小数点应采用圆点，齐基准线书写。

（6）长仿宋汉字、拉丁字母、阿拉伯数字与罗马数字示例应符合国家现行标准《技术制图 字体》（GB/T 14691）的有关规定。

1.4.3 比例、符号及定位轴线

1.4.3.1 比例

比例为图样与实物相对应的线型尺寸之比，能在图幅上真实地实现物体的实际尺寸，比例符号为"："。比例应以阿拉伯数字表示，如1：100，1：50等，比例宜书写在图名的右侧，字的基准线应取平，字号应比图名的字号小一号或小二号，如图1-7。室内设计中常用比例和可用比例见表1-8，比例设置应尽量选用常用比例，特殊对象才选可用比例。

平面图 1:100

⑥ 1:20

图1-7 标注的比例书写

表1-8 室内设计常用比例与可用比例

比例	部位	图纸内容
1：200～1：100	总平面、总顶面	总平面布置图、总顶棚平面布置图
1：100～1：50	局部平面、局部顶棚平面	局部平面布置图、局部顶棚平面布置图
1：100～1：50	不复杂的立面	立面图、剖面图
1：50～1：30	较复杂的立面	立面图、剖面图
1：30～1：10	复杂的立面	立面放大图、剖面图
1：10～1：1	平面及立面中需要详细表示的部位	详图
1：10～1：1	重点部位的构造	节点图

1.4.3.2 符号

（1）剖切符号

①剖视的剖切符号应由剖切位置线及剖视方向线组成，均应以粗实线绘制。剖视的剖切符号应符合下列规定：

——剖切位置线的长度宜为6～10mm；剖视方向线应垂直于剖切位置线，长度应短于剖切位置线，宜为4～6mm，如图1-8（a）所示，也可采用国际统一和常用的剖视方法，如图1-8（b）。绘制时，剖视剖切符号不应与其他图线相接触。

——剖视剖切符号的编号宜采用粗阿拉伯数字，按剖切顺序由左至右、由下向上连续编排，并应注写在剖视方向线的端部；

——需要转折的剖切位置线，应在转角的外侧加注与该符号相同的编号。

——建（构）筑物剖面图的剖切符号应注在±0.000标高的平面图或首层平面图上。

——局部剖面图（不含首层）的剖切符号应注在包含剖切部位的最下面一层的平面图上。

②断面的剖切符号应符合下列规定：

——断面的剖切符号应只用剖切位置线表示，并应以粗实线绘制，长度宜为6～10mm。

——断面剖切符号的编号宜采用阿拉伯数字，按顺序连续排列，并应注写在剖切位置线的一侧；编号所在的一侧应为该断面的剖视方向，如图1-9所示。

注：剖面图或断面图，如与被剖切图样不在同一张图内，应在剖切位置线的另一侧注明其所在图纸的编号，也可以在图上集中说明。

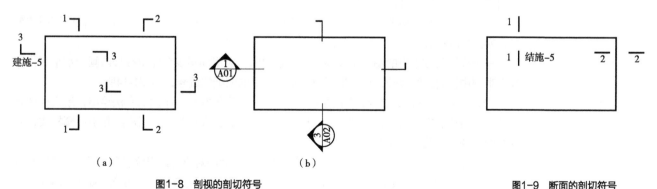

（a）　　　　　　　　　　　（b）

图1-8 剖视的剖切符号　　　　　　　　图1-9 断面的剖切符号

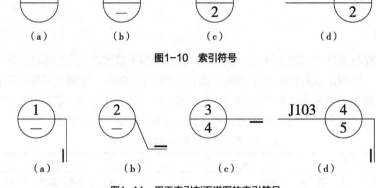

图1-10   索引符号

图1-11   用于索引剖面详图的索引符号

图1-12   零件、钢筋等的编号

图1-13   与被索引图样同
在一张图纸内的详图符号

图1-14   与被索引图样不在同
一张图纸内的详图符号

（2）索引符号与详图符号

图样中的某一局部或构件，如需另见详图，应以索引符号索引 [图1-10（a）]。索引符号是由直径为8~10mm的圆和水平直径组成，圆及水平直径应以细实线绘制。索引符号应按下列规定编写：

①索引出的详图，如与被索引的详图同在一张图纸内，应在索引符号的上半圆中用阿拉伯数字注明该详图的编号，并在下半圆中间画一段水平细实线 [图1-10（b）]。

②索引出的详图，如与被索引的详图不在同一张图纸内，应在索引符号的上半圆中用阿拉伯数字注明该详图的编号，在索引符号的下半圆用阿拉伯数字注明该详图所在图纸的编号 [图1-10（c）]。数字较多时，可加文字标注。

③索引出的详图，如采用标准图，应在索引符号水平直径的延长线上加注该标准图册的编号 [图1-10（d）]。需要标注比例时，文字在索引符号右侧或延长线下方，与符号下对齐。

④索引符号如用于索引剖视详图，应在被剖切的部位绘制剖切位置线，并以引出线引出索引符号，引出线所在的一侧应为剖视方向。索引符号的编写同上规定，如图1-11所示。

⑤零件、钢筋、杆件、设备等的编号直径宜以5~6mm的细实线圆表示，同一图样应保持一致，其编号应用阿拉伯数字按顺序编写，如图1-12所示。消火栓、配电箱、管井等的索引符号，直径宜以4~6mm为宜。

⑥详图的位置和编号，应以详图符号表示。详图符号的圆应以直径为14mm粗实线绘制。详图应按下列规定编号：

——详图与被索引的图样同在一张图纸内时，应在详图符号内用阿拉伯数字注明详图的编号，如图1-13所示。

——详图与被索引的图样不在同一张图纸内时，应用细实线在详图符号内画一水平直径，在上半圆中注明详图编号，在下半圆中注明被索引的图纸的编号，如图1-14所示。

⑦为了进一步表示清楚图样中的某一局部，将其引出并放大比例的方法绘出，用大样图索引符号来表达。在室内设计制图中，大样图索引符号是由大样符号、引出线和引出圈构成，并注意他们的对应关系，如图1-15所示。

⑧立面索引符号用于在平面图中标注立面图、剖立面图对应的索引位置和序号。由圆圈与直角三角形共同组成，圆圈直径为8~10mm，三角形的直角所至方向为投视方向，如图1-16所示。

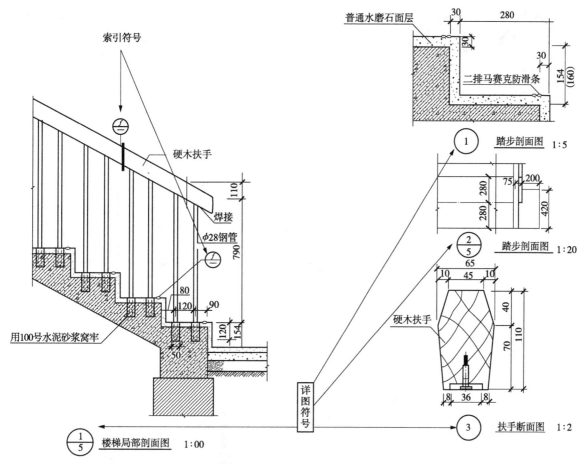

图1-15　局部放大索引符号

1.4.3.3　引出线

（1）引出线应以细实线绘制，宜采用水平方向的直线、与水平方向成30°、45°、60°、90°的直线，或经上述角度再折为水平线。文字说明宜注写在水平线的上方［图1-17（a）］，也可注写在水平线的端部［图1-17（b）］。索引详图的引出线，应与水平直径线相连接［图1-17（c）］。

（2）同时引出的几个相同部分的引出线，宜互相平行［图1-18（a）］，也可画成集中于一点的放射线［图1-18（b）］。

（3）多层构造或多层管道共用引出线，应通过被引出的各层，并用圆点示意对应各层次。文字说明宜注写在水平线的上方，或注写在水平线的端部，说明的顺序应由上至下，并应与被说明的层次对应一致；如层次为横向排序，则由上至下的说明顺序应与由左至右的层次对应一致，如图1-19所示。

1.4.3.4　其他符号

（1）对称符号由对称线和两端的两对平行线组成。对称线使用细单点长画线绘制；平行线用细实线绘制，其长度宜为6～10mm，每对的间距宜为2～3mm；对称线垂直平分于两对平行线，两端超出平行线宜为2～3mm，如图1-20所示。

（2）连接符号应以折断线表示需连接的部位。两部位相距过远时，折断线两端靠图样一侧应标注大写拉丁字母表示连接编号。两个被连接的图样应用相同的字母编号，如图1-21所示。

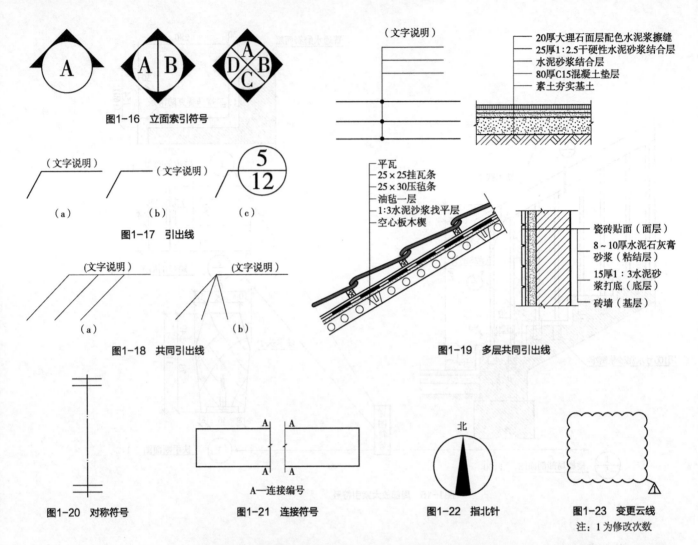

图1-16　立面索引符号

图1-17　引出线

图1-18　共同引出线

图1-19　多层共同引出线

图1-20　对称符号

图1-21　连接符号

A—连接编号

图1-22　指北针

图1-23　变更云线
注：1为修改次数

（3）指北针的形状符合图1-22的规定，其圆的直径宜为24mm，用细实线绘制；指针尾部的宽度宜为3mm，指针头部应注"北"或"N"字。需用较大直径绘制指北针时，指针尾部的宽度宜为直径的1/8。

（4）对图纸中局部变更部分宜采用云线，并宜注明修改版次，如图1-23所示。

1.4.3.5　定位轴线

定位轴线采用单点画线绘制，端部用细实线画出直径为8～10mm的圆圈。横向轴线编号应用阿拉伯数字，从左往右编写，纵向编号应大写拉丁字母，从下至上顺序编写，但不得使用I、O、Z三个字母，避免与1、0、2混淆。如图1-24所示。

组合较复杂的平面图中定位轴线也可采用分区编号，如图1-25所示。编号的注写形式应为"分区号-该分区编号"。"分区号-该分区编号"采用阿拉伯数字或大写拉丁字母表示。分数形式表示附加轴线编号，分子为附加轴线编号，分母为前一轴线编号。1或A轴前的附加轴线分母为01或0A。

一个详图适用于几根轴线时，应同时注明各有关轴线的编号，如图1-26所示。

通用详图中的定位轴线，应只画圆，不注写轴线编号。

圆形与弧形平面图中的定位轴线，其径向轴线应以角度进行定位，其编号宜用阿拉伯数字表示，从左下角或-90°（若径向轴线很密，角度间隔很小）开始，按逆时针顺序编写；其环向轴线宜用大写拉丁字母表示，从外向内顺序编写，如图1-27、图1-28所示。折线形平面图中定位轴线的编号，可按图1-29的形式编写。

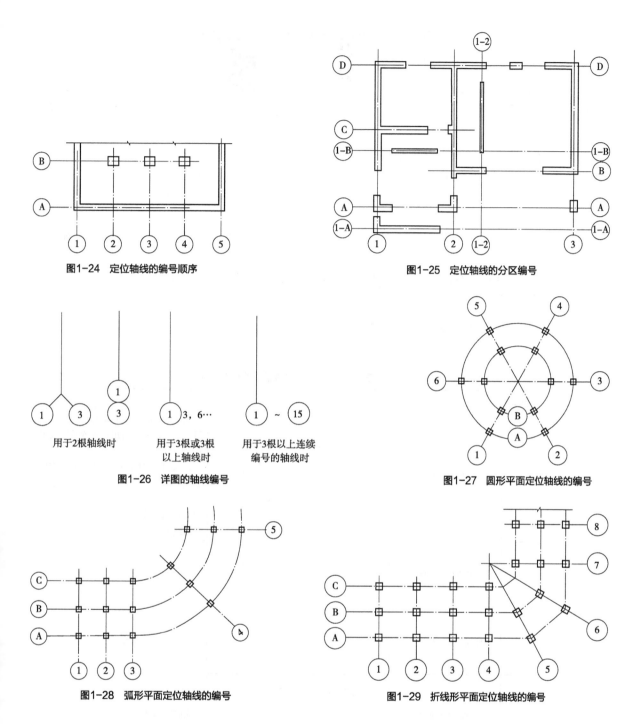

图1-24 定位轴线的编号顺序

图1-25 定位轴线的分区编号

用于2根轴线时　　　用于3根或3根　　　用于3根以上连续
　　　　　　　　　以上轴线时　　　　编号的轴线时

图1-26 详图的轴线编号

图1-27 圆形平面定位轴线的编号

图1-28 弧形平面定位轴线的编号

图1-29 折线形平面定位轴线的编号

1.4.4 常用装饰材料图例

建筑设计制图标准中现有的图例大多可以在装饰设计制图中使用，但它不能包含装饰设计中所有材料的图例，因此装饰设计中所用图例要多于建筑设计。装饰设计中通常需要水、电、空调等设备专业的配套，因此装饰设计中经常有设备的图例。

1.4.4.1 制图中图例的规定

（1）图例线应间隔均匀，疏密适度，做到图例正确，表达清晰。

（2）不同品种的同类材料使用同一图例时，应在图上附加必要的说明（如某些特定部位

图1-30 相同图例相接时的画法　　　　　　图1-31 相邻涂黑图例的画法　　　　　　图1-32 局部表示图例

的石膏板注明是防水石膏板）。

（3）两个相同的图例相接时，图例线宜错开或使倾斜方向相反，如图1-30所示。

（4）两个相邻的涂黑图例（如混凝土构件、金属件）间，应留有空隙。其净宽度不得小于0.5mm，如图1-31所示。

（5）要画出的建筑材料图例面积过大时，可在断面轮廓线内，沿轮廓线作局部表示，如图1-32所示。

（6）当出现一张图纸内的图样只用一种图例，或图形较小无法画出建筑材料图例时，可不加图例，但应加文字说明。

1.4.4.2 制图中常用材料的图例

室内装饰工程制图中，常用室内装饰材料图例，见表1-9。

表1-9 常用建筑及建筑装饰材料图例

序号	名称	图例	备注
1	新设计的建筑物	8 ▲	1. 需要时，可用▲表示出入口，可在图形内右上角用点数或数字表示层数 2. 建筑物外形（一般以±0.00高度处的外墙定位轴线或外墙面线为准）用粗实线表示，需要时，地面以上建筑用中粗实线表示，地下以下建筑用细虚线表示
2	原有的建筑物		用细实线表示
3	计划扩建的建筑物		用中粗虚线表示
4	拆除的建筑物		用细实线表示
5	道路		
6	公路桥		

（续）

序号	名称	图例	备注
7	砖石、混凝土围墙	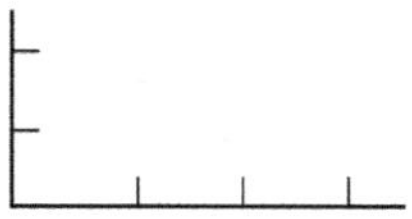	
8	铁丝网、篱笆等	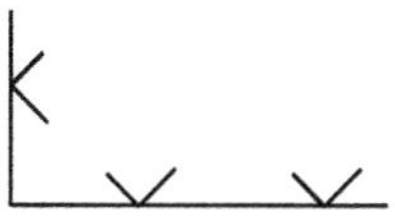	
9	墙上预留洞口	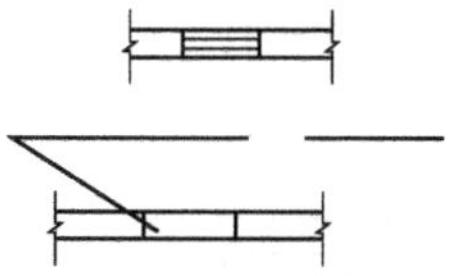	
10	土墙	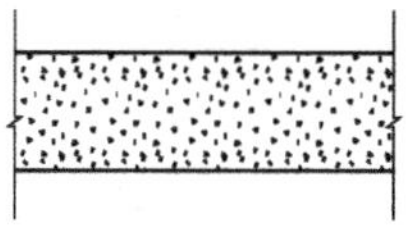	
11	板条墙	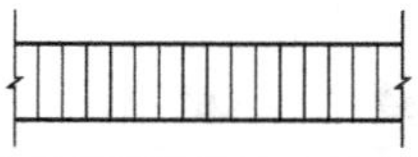	
12	入口坡道	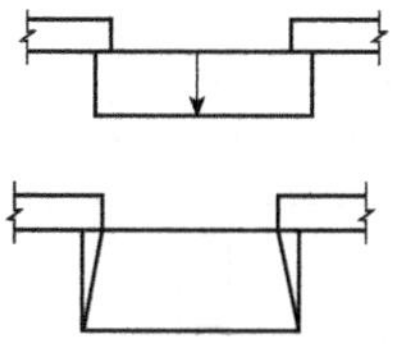	
13	底层楼梯	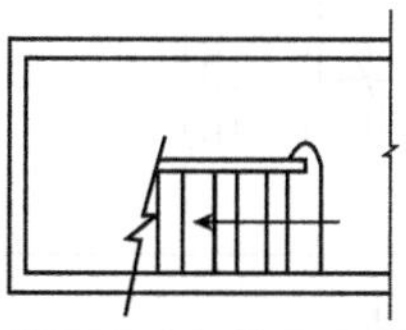	
14	中间楼梯	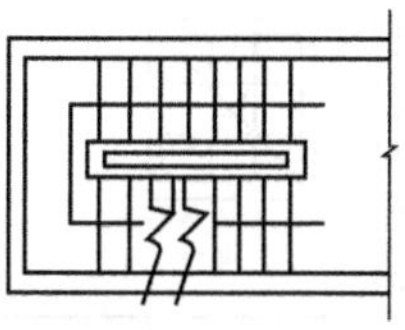	
15	顶层楼梯	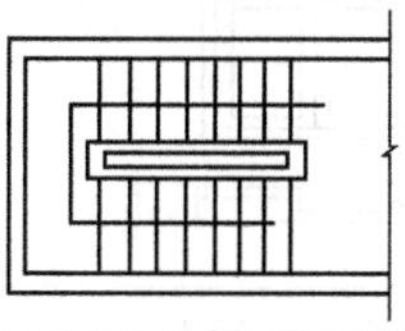	
16	单扇门	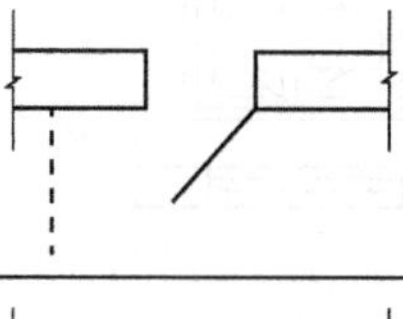	
17	双扇门	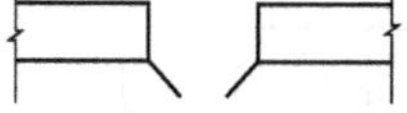	
18	双扇推拉门	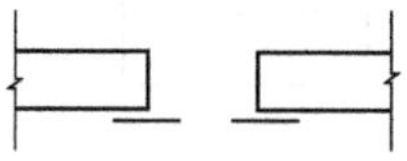	

（续）

（续）

序号	名称	图例	备注
19	单扇双面弹簧门		
20	双扇双面弹簧门		
21	单层固定窗		
22	检查孔（地面、吊顶）		
23	烟道		
24	空门洞		
25	单层外开上悬窗		
26	单层中悬窗		
27	水平推拉窗		
28	平开窗		
29	建筑物下面的通道		

（续）

序号	名称	图例	备注
30	铺砌场地		
31	敞棚或敞廊		
32	水池、坑槽		也可以不涂黑
33	烟囱		实线为烟囱下部直径，虚线为基础，必要时可注写烟囱高度和上、下口直径
34	台阶		箭头指向表示向下
35	自然土壤		包括各种自然土壤
36	夯实土壤		
37	砂、灰土		靠近轮廓线绘较密的点
38	砂砾石、碎砖三合土		
39	石材		
40	毛石		
41	普通砖		包括实心砖、多孔砖、砌块等砌体。断面较窄不易绘出图例线时，可涂红
42	耐火砖		包括耐酸砖等砌体
43	空心砖		指非承重砖砌体
44	饰面砖		包括铺地砖、马赛克、陶瓷锦砖、人造大理石等
45	焦渣、矿渣		包括与水泥、石灰等混合而成的材料
46	混凝土		（1）本图例指能承重的混凝土及钢筋混凝土 （2）包括各种强度等级、骨料、添加剂的混凝土 （3）在剖面图上画出钢筋时，不画图例线 （4）断面图形小，不易画出图例线时，可涂黑
47	钢筋混凝土		

（续）

序号	名称	图例	备注
48	多孔材料	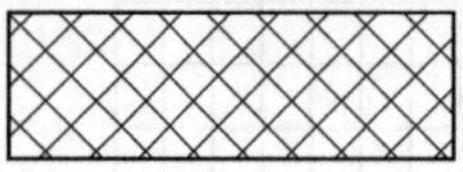	包括水泥珍珠岩、沥青珍珠岩、泡沫混凝土、非承重加气混凝土、软木、蛭石制品等
49	纤维材料	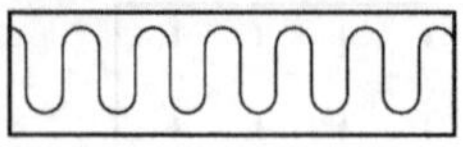	包括矿棉、岩棉、玻璃棉、麻丝、木丝板、纤维板等
50	泡沫塑料材料	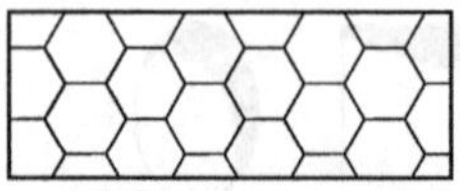	包括聚苯乙烯、聚乙烯、聚氨酯等多孔聚合物类材料
51	木材		（1）上图为横断面，上左图为垫木、木砖或木龙骨 （2）下图为纵断面
52	胶合板	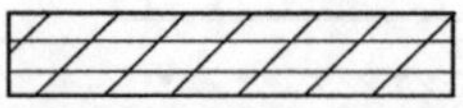	应注明为×层胶合板
53	石膏板	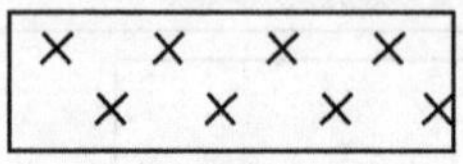	包括圆孔、方孔石膏板、防水石膏板等
54	金属	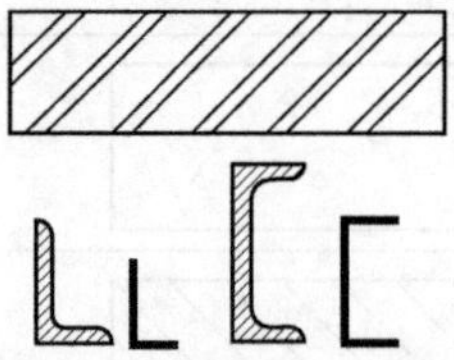	（1）包括各种金属 （2）图形小时，可涂黑
55	网状材料		（1）包括金属、塑料网状材料 （2）应注明具体材料名称
56	液体	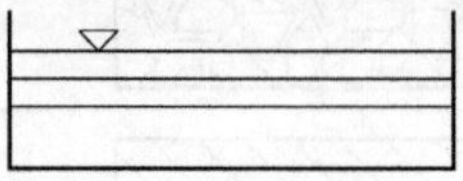	应注明具体液体名称
57	玻璃	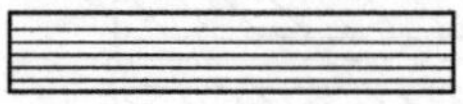	包括平板玻璃、磨砂玻璃、夹丝玻璃、钢化玻璃、中空玻璃、加层玻璃、镀膜玻璃等
58	橡胶	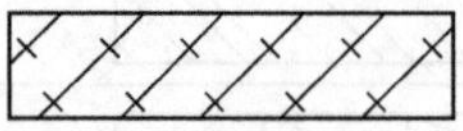	
59	塑料	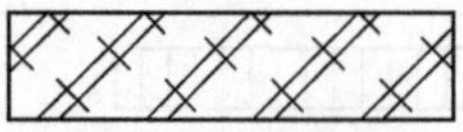	包括各种软、硬塑料及有机玻璃等
60	防水材料		构造层次多或比例大时，采用上面图例
61	粉刷		本图例采用较稀的点
62	毛石混凝土	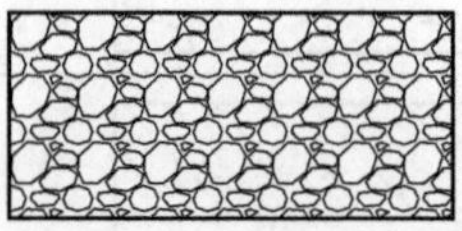	

1.4.5　尺寸标注

在室内装饰设计工程图中，图形只能表达物体的形状，物体各部分的大小还必须通过标注尺寸才能确定。室内施工和构件制作都必须根据尺寸进行，因此尺寸标注是制图的一项重要工作，必须认真细致、准确无误，如果尺寸有遗漏或错误，必将给施工造成困难和损失，因此注写尺寸时，应力求做到正确、完整、清晰、合理。施工图常见平面图形中，一般要标注三种尺寸：

（1）定形尺寸。表示图例的具体形状的尺寸。

（2）定位尺寸。表示图例和其他参考图例之间的距离、角度等定位关系。

（3）总尺寸。表示该施工图或图例的总的尺寸。

1.4.5.1　尺寸组成要素

图样上的尺寸标注由尺寸界线、尺寸线、尺寸起止符号和尺寸数字组成，如图1-33所示。

（1）尺寸界线应用细实线绘制，一般应与被注长度垂直，其一端应离开图样轮廓线不小于2mm，另一端宜超出尺寸线2～3mm。图样轮廓线可用作尺寸界线。

（2）尺寸线应用细实线绘制，应与被注长度平行。图样本身的任何图线均不得用作尺寸线。

（3）尺寸起止符号一般用中粗斜短线绘制，其倾斜方向应与尺寸界线成顺时针45°角，长度宜为2～3mm。半径、直径、角度与弧长的尺寸起止符号，宜用箭头表示，如图1-34所示。

（4）图样上的尺寸，应以尺寸数字为准，不得从图上直接量取。图样上的尺寸单位，除标高及总平面以米为单位外，其他必须以毫米为单位。

尺寸数字一般应注写在靠近尺寸线的上方中部。如果没有足够的位置，最外边的尺寸数字可注写在尺寸界线的外侧。中间相邻的尺寸数字可错开注写，如图1-35所示。

尺寸数字须水平方向字头向上，垂直方向字头向左。如"89"，应按图1-36形式标注。

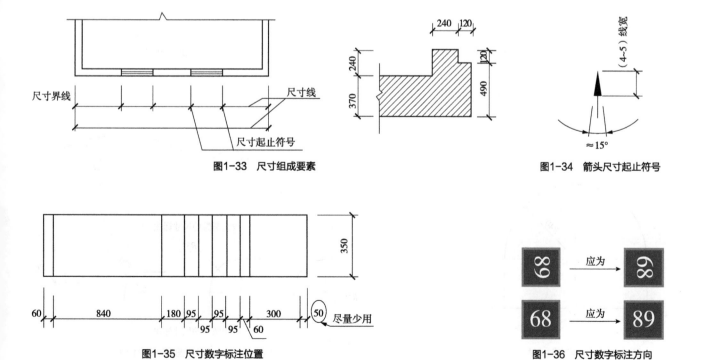

图1-33　尺寸组成要素

图1-34　箭头尺寸起止符号

图1-35　尺寸数字标注位置

图1-36　尺寸数字标注方向

1.4.5.2 尺寸的排列与布置

（1）尺寸宜标注在图样轮廓以外，不宜与图线、文字及符号等相交。如果还图线相交，需断开文字所在位置的相应图线，如图1-37所示。

（2）相互平行的尺寸线应从被注写的图样轮廓线由近向远，小尺寸在内，大尺寸靠外整齐排列，如图1-38所示。图样轮廓以外的尺寸线距图样最外轮廓线之间的距离≥10mm，平行排列的尺寸线的间距宜为7～10mm，全图一致。总尺寸的尺寸界线应靠近所指部位，中间的尺寸界线可稍短，但其长度要相等。

1.4.5.3 半球、直径、球的尺寸标注

（1）半径的尺寸线应一端从圆心开始，另一端画箭头指向圆弧。半径数字前加注半径符号"R"，如图1-39所示。

（2）较大或小圆弧的半径，可按图1-40形式标注。

（3）标注圆的直径尺寸时，直径数字前应加直径符号"φ"。在圆内标注的尺寸线应通过圆心，两端画箭头指至圆弧。较小圆的直径尺寸，可标注在圆外，如图1-41所示。

（4）标注球的半径、直径时，应在尺寸数字前加注符号"S"，即"SR""Sφ"，注写方法同圆弧半径和圆直径，如图1-42所示。

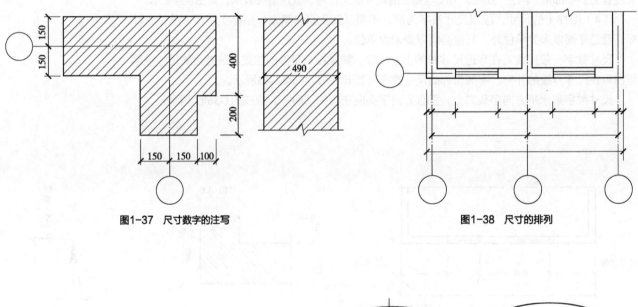

图1-37 尺寸数字的注写   图1-38 尺寸的排列

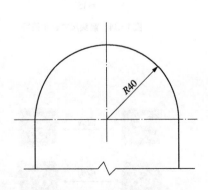

图1-39 半径标注方法

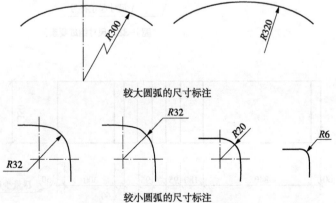

较大圆弧的尺寸标注

较小圆弧的尺寸标注

图1-40 较大或较小圆弧的尺寸标注

1.4.5.4　角度、弧度、弧长、弦长的标注

（1）角度的尺寸线应以圆弧表示。此圆弧的圆心应是该角的顶点，角的两条边为尺寸界线。起止符号用箭头，若没有足够位置画箭头，可用圆点代替。角度数字应按水平方向注写，如图1-43所示。

（2）标注圆弧的弧长时，尺寸线为与该圆弧同心的圆弧线，尺寸界线垂直于该圆弧的弦，起止符号用箭头表示。弧长数字上方应加圆弧符号"⌒"，如图1-44所示。

（3）标注圆弧的弦长时，尺寸线应平行于该弦的直线，尺寸界线垂直于该弦，起止符号用中粗斜短线表示，如图1-45所示。

1.4.5.5　薄板厚度、正方形、坡度、非圆曲线等尺寸标注

（1）在薄板板面标注板厚尺寸时，应在厚度数字前加厚度符号"t"，如图1-46所示。

（2）"□"为正方形符号，也可采用"边长×边长"的形式标注正方形的尺寸，如图1-47所示。

（3）标注坡度时，应加注坡度符号（图1-48），该符号为单面箭头，箭头应指向下坡方向。坡度也可用直角三角形形式标注。

（4）外形为非圆曲线的构件，可用坐标形式标注尺寸。复杂的图形，可用网格形式标注尺寸，如图1-49所示。

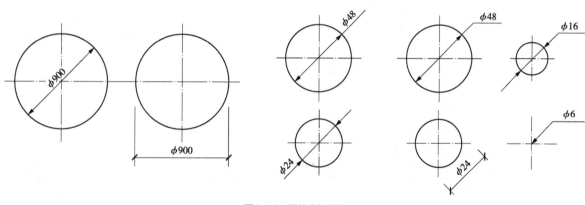

图1-41　圆的直径标注

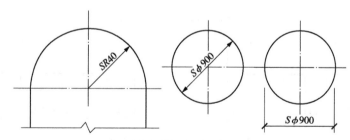

图1-42　球的半径、直径标注方法

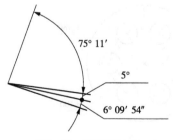

图1-43　角度标注方法

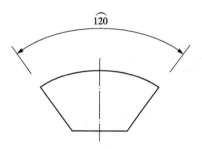

图1-44　圆弧标注方法

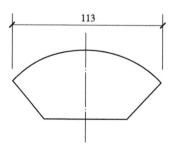

图1-45　弦长标注方法

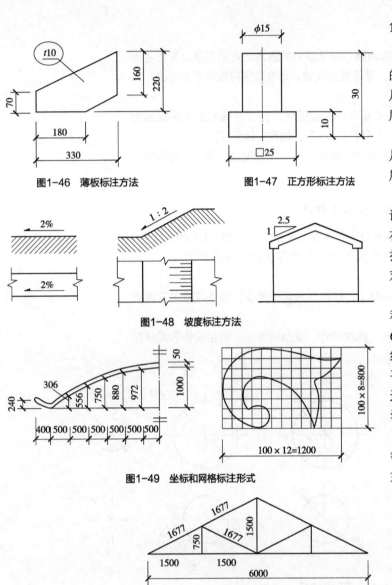

图1-46 薄板标注方法

图1-47 正方形标注方法

图1-48 坡度标注方法

图1-49 坐标和网格标注形式

1.4.5.6 尺寸的简化标注

（1）除桁架简图、钢筋简图以外，一般的单线图如管线图，都可将杆件或管线长度的尺寸数字沿杆件或管线的一侧注写，如图1-50所示。

（2）连续排列的等长尺寸，可用"等长尺寸×个数=总长"的形式标注，如图1-51所示。

（3）对称构配件采用对称省略画法时，该对称构配件的尺寸线应超过对称符号，仅在尺寸线的一端画尺寸起止符号，尺寸数字应按整体全尺寸注写，其注写位置宜与对称符号对齐，如图1-52所示。

对称符号由对称线（细单点长画线）和两端的两对平行线（细实线，长度宜为6～10mm，每对平行线的间距宜为2～3mm）组成。对称线垂直平分两对平行线，两端超出平行线宜为2～3mm。对称构配件尺寸线略超过对称符号，只在另一端画尺寸起止符号，标注整体全尺寸，注写位置宜与对称符号对齐。

（4）构配件内的构造因素（如孔、槽等）如相同，可仅标注其中一个要素的尺寸，如图1-53所示。

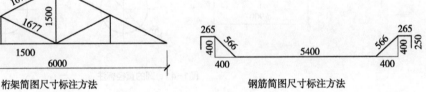

桁架简图尺寸标注方法   钢筋简图尺寸标注方法

图1-50 单线图尺寸标注方法

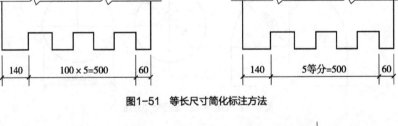

图1-51 等长尺寸简化标注方法

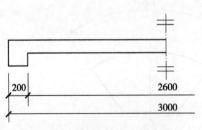

图1-52 对称构件尺寸标注方法

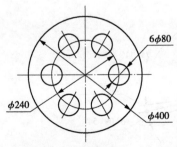

图1-53 相同要素尺寸标注方法

（5）数个构配件，如仅某些尺寸不同，这些有变化的尺寸，可用拉丁字母注写在同一图样中，另列表写明其具体尺寸，如图1-54所示。

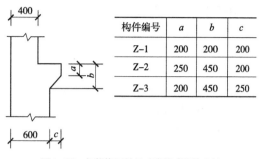

构件编号	a	b	c
Z-1	200	200	200
Z-2	250	450	200
Z-3	200	450	250

图1-54　相似构配件尺寸表格式标注方法

1.4.5.7　标高

（1）标高符号应以直角等腰三角形表示，按图1-55（a）所示形式用细实线绘制，如标注位置不够，也可按图1-55（b）所示形式绘制。标高符号的具体画法如图1-55（c）（d）所示。

（2）总平面图室外地坪标高符号，宜用涂黑的三角形表示，具体画法如图1-56所示。总平面图中一般标注绝对标高，以"米"为单位，总平面图中注写至小数点后两位。

（3）标高符号的尖端应指至被注高度的位置。尖端宜向下，也可向上。标高数字应注写在标高符号的上侧或下侧，如图1-57所示。

（4）零点标高应注写成 ±0.000，正数标高不注"+"，负数标高应注"-"，例如3.000、-0.600。如果在图样的同一位置须表示几个不同标高时，标高数字可按图1-58的形式注写。

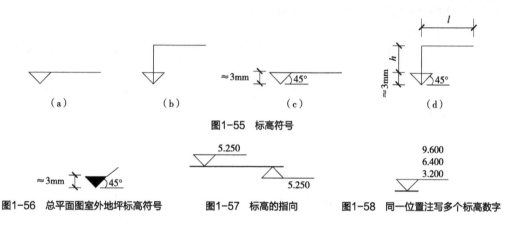

图1-55　标高符号

图1-56　总平面图室外地坪标高符号　　**图1-57　标高的指向**　　**图1-58　同一位置注写多个标高数字**

1.5　室内装饰工程制图表达

装饰工程图纸是依据投影原理而形成的，绘制工程图的基本方法是投影法，所以要识读室内装饰工程图就必须先了解有关投影的基本规律及其成图原理。因此本节从投影原理出发，来了解投影的规律及成因原理，为今后深入学习室内装饰设计施工图绘制和识读奠定必要的基础。

1.5.1　投影基本原理

在日常生活中，我们看到在太阳光照射下，房子、树木、电线杆等物体在地面或墙面上生成它们的影子，但这些影子是黑黑的一片，只能反映出空间的形体的轮廓表达不出空间形体的真实面目。而投影则假设物体除棱线（轮廓）外均为透明，故投影是各表面轮廓线受光线照射的结果，是由线组成的，它是能反映空间形体内部的图形。

1.5.1.1　投影的形成与规律

透过一透明平面看物体，将物体的形象在透明平面上描绘下来，这种方法就是投影，如图1-59所示，人眼为E点，透明平面P为投影面，从E点透过透明平面物体上一点A，EA为视线，EA和P面的交点A_p为物体上A点在P面上的投影，用这种方法可将物体上许多点都投到投影面上，在投影面上绘出物体的形象。

投影的产生必须具备以下条件：第一，投影面，即影子所在的平面；第二，投影中心和投影线，投影中心即光源，投影线即人眼透过透明平面到物体上一点的连线。投影只表示物体的形状和大小，即空间几何元素或形体，而不反映物体的物理性质。

投影法分为中心投影法和平行投影法（正投影法和斜投影法）两种类型。中心投影法是指投影线都经过投影中心的投影方法，如图1-60所示。假设人眼S为视点（或投影中心），透明平面P为画面（或投影面），从S点透过透明平面P看物体上一点A，SA为视线（或投影线），SA和P面的交点a，为物体上A点在P面上的投影。用这种方法可将物体上许多点都投到投影面上，从而可在P面上绘出物体的形象。这就是中心投影法的典型。中心投影法所有的投影线相对投影面的投影方向与倾角是不一致的，所以获得的投影与实际对象本身有较大的变异。在工程制图中，中心投影法常用于绘制透视图。

平行投影法是将视点假设在无限远处，那么靠近形体的投影线相互平行。这种互相平行的投影线在投影面作出形体投影的方法，称为平行投影法。根据投影线是否垂直于投影面，平行投影法又可分为斜投影法和正投影法。

斜投影法是当投影线的投影方向倾斜于投影面时所作出的形体投影方法。主要用来绘制轴测图，它能表现物体的立体形象，如图1-61所示。

正投影法是当投影线的投影方向垂直于投影面时所作出的形体投影方法。正投影法所有的投影线对投影面的倾角都是90°，获得的投影形状大小与实际对象本身存在着较简单明确的几何关系。正投影法是工程投影的主要表示方法。通过正投影法绘制的建筑平面图、立面图、剖面图等，能确切地反映所画形体对应面的真实形状，以便于尺寸的度量，从而满足工程技术上的要求，如图1-62所示。

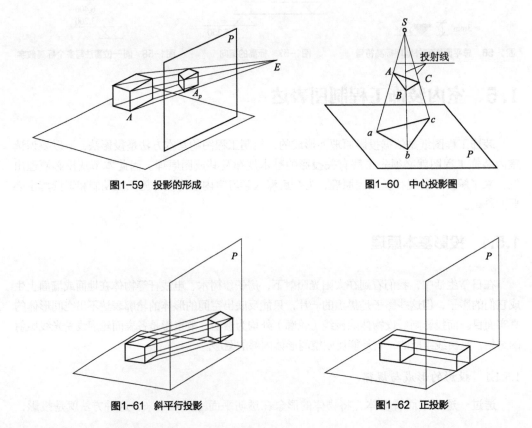

图1-59 投影的形成   图1-60 中心投影图

图1-61 斜平行投影   图1-62 正投影

1.5.1.2　点、线与面的正投影

点、直线、平面是构成形体的基本几何元素，面与面相交为线，线与线相交为点，点是投影中最基本的。要正确地识读和绘制装饰设计投影图，必须先掌握建筑形体基本元素的投影特性和作图方法。

（1）点的正投影。过空间中一点A的投影线与投影面P的交点即为点A在P面上的投影，如图1-63所示。点在一个投影面上的投影不能确定点的空间位置。点的正投影仍是点。

（2）直线的正投影。从几何原理可知，两点决定一条直线。从投影原理可知，直线的投影一般仍是直线。平行于投影面的直线，正投影为直线，与原直线平行等长，如图1-64所示。垂直于投影面的直线，正投影为一点，如图1-65所示。倾斜于投影面的直线，其正投影为原长缩短的直线，如图1-66所示。

（3）面的正投影。平面在三投影面体系中相对于投影面的位置可分为三种：投影面平行面、垂直面和倾斜面。平行于投影面的平面，正投影与原平面完全相同，如图1-67所示。垂直于投影面的平面，正投影为一直线，如图1-68所示。倾斜于投影面的平面，其正投影为比原平面缩小的平面，如图1-69所示。

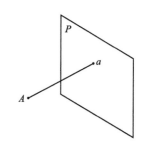

图1-63　点A在P平面的投影

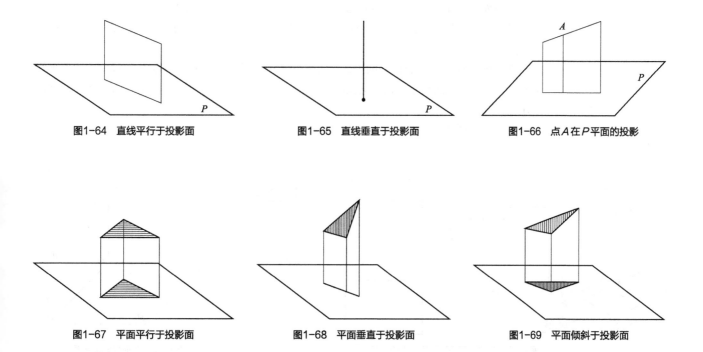

图1-64　直线平行于投影面　　　　图1-65　直线垂直于投影面　　　　图1-66　点A在P平面的投影

图1-67　平面平行于投影面　　　　图1-68　平面垂直于投影面　　　　图1-69　平面倾斜于投影面

1.5.2　三面正投影图与辅助视图

如图1-70所示，两个不同形状的物体，在同一投影面上的投影却是相同的。这说明在正投影法中，物体的一个视图不能反映出其真实形态，因此，工程图中采用多面正投影来表达物体，多面正投影图又称为视图，基本的表达方法是三视图。

1.5.2.1　三视图的形成

正投影法中，一个或两个投影，往往不能唯一确定空间形体的形状和位置。必须建立多个投影体系。如图1-71所示，为形体在两投影面体系中的投影。

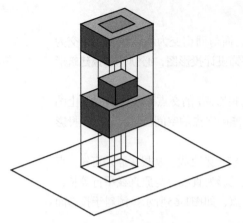

图1-70 物体单个方向投影

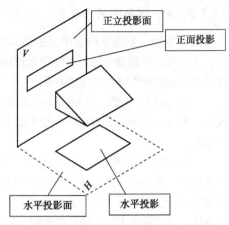

图1-71 形体在两投影面体系中的投影

形体在三面投影体系中的投影，如图1-72所示。

（1）点的三面投影。点在一个投影面上的投影不能确定点的空间位置，所以需要采用多面投影的形式，以便确定一个点在空间的相对位置。

①三面投影体系概念。如图1-73所示，在这样一个空间坐标系中，三个投影面是互相垂直的。其中，正立投影面简称正面或V面；水平投影面简称水平面或H面；侧立投影面简称侧面或W面。

②空间点在三个投影面上的投影。在图1-74中，a'为点A的正面投影；a为点A的水平投影；a''为点A的侧面投影。在这里我们要注意，空间点用大写字母表示，点的投影用小写字母表示。

在绘制三视图的时候，我们需要将互相垂直的投影面展开，如图1-75所示。

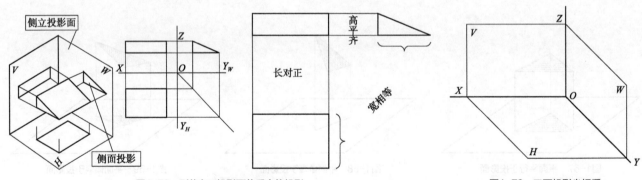

图1-72 形体在三投影面体系中的投影   图1-73 三面投影坐标系

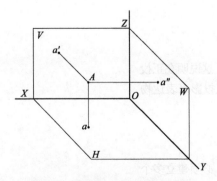

图1-74 空间点在三个投影面上的投影

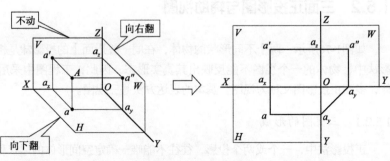

图1-75 投影面展开图

（2）直线的三面投影。两点确定一条直线，将两点的同名投影用直线连接，就得到直线的同名投影。

①直线对一个投影面的投影特性。直线在直线垂直于投影面投影重合为一点，如图1-76所示；直线平行于投影面投影反映线段实长，如图1-77所示；直线倾斜于投影面投影比空间线段短，如图1-78所示。

②直线在三投影面体系中的投影特性。直线在三个投影面中的投影特性取决于直线与三个投影面间的相对位置。平行于某一投影面而与其余两投影面倾斜的叫投影面平行线，其中平行于V面的叫正平线，平行于W面的叫侧平线，平行于H面的叫水平线；垂直于某一投影面的叫投影面垂直线，其中，垂直于V面的叫正垂线，垂直于W面的叫侧垂线，垂直于H面的叫铅垂线；投影面平行线与投影面垂直线统称为特殊位置直线；空间与三个投影面都倾斜的直线称为一般位置直线。一般，如果一直线有一个投影平行于投影轴，而另有一个投影倾斜时，它就是一条投影面平行线，平行于该倾斜投影所在的投影面；一直线只要有一个投影积聚为一点，它必然是一条投影面垂直线，并垂直于积聚投影所在的投影面；一直线只要有两个投影是倾斜的，它一定是一般线。

投影面平行线（图1-79）的投影特性为：

——在其平行的投影面上的投影反映实形，并反映直线与另两投影面倾角的实大。

——另两个投影面上的投影平行于相应的投影轴，其到相应投影轴距离反映直线与它所平行的投影面之间的距离。

投影面垂直线（图1-80）的投影特性为：

——在其垂直的投影面上，投影有积聚性。

——另外两个投影，反映线段实长，且垂直于相应的投影轴。

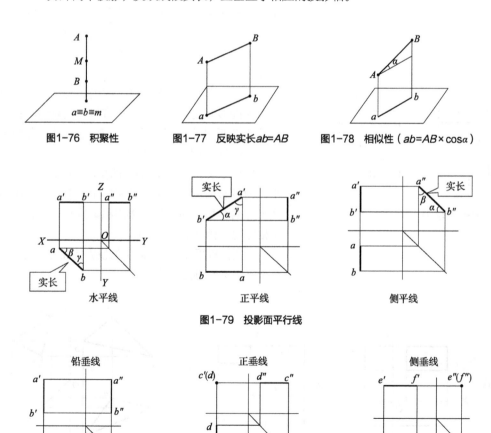

图1-76　积聚性　　　图1-77　反映实长$ab=AB$　　　图1-78　相似性（$ab=AB×\cosα$）

水平线　　　　　　正平线　　　　　　侧平线

图1-79　投影面平行线

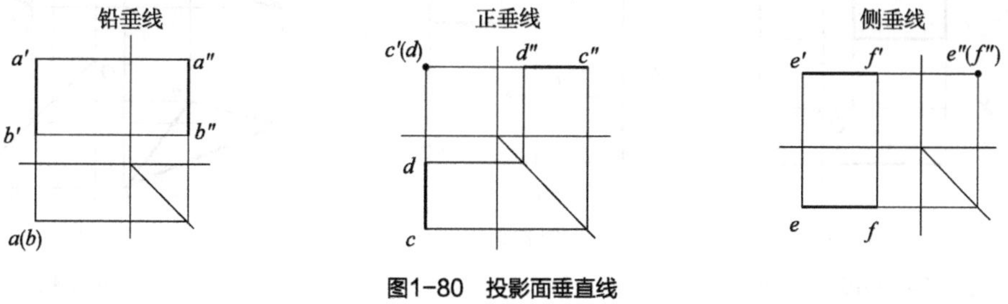

铅垂线　　　　　　正垂线　　　　　　侧垂线

图1-80　投影面垂直线

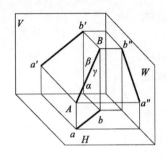
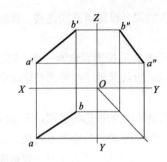

图1-81　一般位置直线

一般位置直线（图1-81）的投影特性：三个投影都倾斜于投影轴，其与投影轴的夹角并不反映空间线段与三个投影面夹角的大小。三个投影的长度均比空间线段短，即都不反映空间线段的实长。

（3）平面的三面投影。

①平面对一个投影面的投影特性。如图1-82所示，平面平行投影面，呈现实形性；平面垂直于投影面，呈现积聚性；平面倾斜投影面，呈现类似性。

②平面在三投影面体系中的投影特性。平面在三个投影面中的投影特性取决于平面与三个投影面间的相对位置。垂直于某一投影面而与其余两投影面倾斜的叫投影面垂直面，其中垂直于V面的叫正垂面，垂直于W面的叫侧垂面，垂直于H面的叫铅垂面；平行于某一投影面的叫投影面平行面，其中，平行于V面的叫正平面，平行于W面的叫侧平面，平行于H面的叫水平面；投影面平行面与投影面垂直面统称为特殊位置平面；空间与三个投影面都倾斜的平面称为一般位置平面。一般，如果一个平面只要有一个投影积聚为一倾斜线，它必然是投影面垂直面，垂直于积聚投影所在的投影面；一平面只要有一个投影积聚为一条平行于投影轴的直线，该平面就是投影面平行面，平行于非积聚投影所在的投影面。那个非积聚的投影反映该平面图形的实形；一平面的三个投影如果都是平面图形，它必然是一般位置平面。

投影面垂直面（图1-83）的投影特性为：在它垂直的投影面上的投影积聚成直线，该直线与投影轴的夹角反映空间平面与另外两投影面夹角的大小，另外两个投影面上的投影为类似形。

投影面水平面（图1-84）的投影特性为：平面所平行的投影面上的投影反映实形（实形性）；平面在另外两个投影面上的投影均积聚成直线，且平行于相应的投影轴（积聚性）。

一般位置平面（图1-85）的投影特性为：投影为小于平面实形的类似形。

图1-82　平面对一个投影面的投影形式

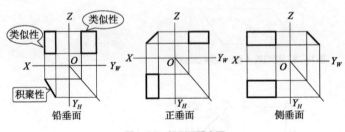

图1-83　投影面垂直面

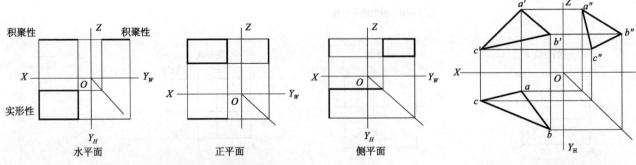

图1-84　投影面平行面　　　　　　　　　　图1-85　一般位置平面

1.5.2.2 一般组合形体的投影

组合体形状、结构往往较复杂，但一般都是由基本形体通过叠加、切割方式组合而成的。房屋建筑都可以看作是组合体。研究组合体的组成、视图画法和读法是绘制、阅读装饰工程图的基础。

将一个组合体分解成几个基本集合体的方法叫形体分析法。形体分析法是读图时常用的基本方法，除此外还有线面分析法、切割分析法等。线面分析法是根据围成形体的表面及表面之间的交线投影，逐面、逐线进行分析，找出它们的空间位置及形状，从而想象并确定出被它们所围成的整个形体的空间形状；切割分析法是由基本形体经过几次切割而形成，读图时由所给视图进行分析，先看该形体切割前是哪种基本形体，然后再分析基本形体在哪几个部位进行了切割，切去的又是什么基本形体，从而达到认识该形体的空间形状。

当组合体由各个基本形体以叠加的方式组合而成时，采用形体分析法对视图进行分析，当组合体或某一局部构成比较复杂，将其分解成几个基本形体比较困难时，可采用线面分析法或切割分析法。在房屋建筑形体中常采用形体分析法。

读图时，常常通过视图把形体分解成几个组成部分，并找出各部分对应的视图，这是形体分析的关键。由前面介绍可知，不论形体的形状如何，它的各个视图总是封闭的，也就是说视图中的每一个线框一定是形体或组成该形体的某部分的投影轮廓线。一般地，在视图中有几个线框就相当于把形体分解成几个组成部分（基本形体）。根据组合体的各个基本形体的形状、相互间的位置及组合方式，从而确定出组合体的整体形状。

例如，如图1-86所示的两个不同形体，*V*面投影图与*H*面投影图均相同，但*W*面投影图不同。图1-87列举了一些常见建筑形体的三面投影图。

利用形体分析法分析图1-88（a）所示形体的空间形状。通过对三视图的观察分析，在正立面图中把组合体划分为五个线框，即左边一个，右边一个，中间三个。通过对这五部分的三视图对照分析可知，左右两个线框为两个对称的五棱柱，中间三个线框为三个四棱柱。三个四棱柱按大小由下而上的顺序叠放在一起，两个五棱柱紧靠其左右两侧，构成一个台阶，如图1-88（b）所示。

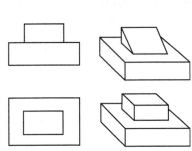

图1-86 两个视图相同的不同形体

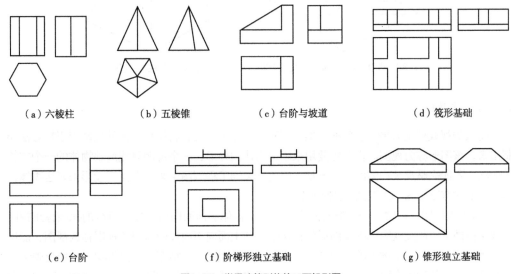

（a）六棱柱 （b）五棱锥 （c）台阶与坡道 （d）筏形基础

（e）台阶 （f）阶梯形独立基础 （g）锥形独立基础

图1-87 常见建筑形体的三面投影图

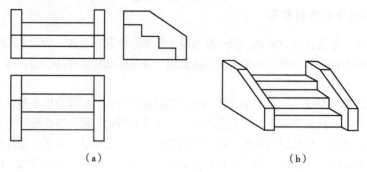

（a）   （b）

图1-88　台阶的形体分析

1.5.2.3　相贯型组合体的投影

两个立体相交，也称相贯，它们的表面交线称为相贯线。两个立体相交分为平面立体相交、曲面立体相交、平面与曲面立体相交三种情况。相贯型组合体投影的关键是确定相贯线。

两个平面立体相交的相贯线，一般情况是封闭的空间折线，但有时也会是平面多边形。如图1-89所示，直立三棱柱与水平三棱柱相贯，相贯线上每一段直线都是棱面与棱面的交线，是两相交立体表面的共有线，每一个折点都是立体棱线与棱面的交点，是两相交立体表面的共有点。也就是说，相贯线（折线）上任一段直线都是两平面立体的两个棱面的交线。因此，求作两平面立体相贯线，实质上仍可归结为直线与平面的交点，以及求平面与平面交线的问题。解决这类问题的关键是：只有当被连接的两点位于甲、乙立体同一棱面上时，方可进行连接。判断相邻两折点相连时各段折线的可见性的方法为：两立体皆可见，棱面上的交线是可见的，画成实线；只要其中一个棱面不可见，画成虚线。

平面立体与曲面立体相交所得相贯线，一般是由几段平面曲线连接而成的空间曲线。相贯线上每段平面曲线都是平面立体的一个棱面与曲面立体的截交线，相邻两段平面曲线的交点是平面立体的一个棱线与曲面立体的交点，如图1-90所示的圆柱与四棱锥相贯。

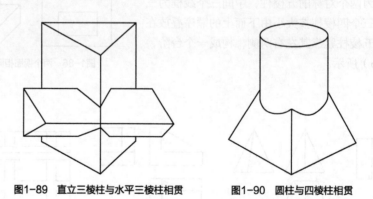

图1-89　直立三棱柱与水平三棱柱相贯　　　　**图1-90　圆柱与四棱柱相贯**

1.5.2.4　辅助视图

将人的视线规定为平行投影线，然后正对着物体看过去，将所见物体的轮廓用正投影法绘制出来，该图形称为视图。视图主要用来表达物体的外形，一个视图只能反映物体的一个方位的形状，不能完整反映物体的真实形状。因此，装饰工程制图中采用多面正投影来表达物体，其表达形式有三视图、六视图、镜像视图。

（1）六视图。通常一个物体有六个视图：从物体的前面向后面投影所得的视图称正视图（或主视图），能反映物体的正面形状；从物体的上面向下面投影所得的视图称俯视图，能反映物体的顶面形状；从物体的左面向右面投影所得的视图称左视图（或侧视图）；能反映物体的左面形状，从物体右面向左面投影所得的视图称右视图（右侧立面图）；从物体下面向上面投影所得的视图称仰视图（底面图）；从物体的背面向前面投影所得的视图称背视图（后立面图）。右视图、仰视图和背视图这三个视图不很常用。三视图就是正视图（主视图）（F投影）、俯视图（H投影）、左视图（侧视图）（S投影）的总称，如图1-91所示（H，F，S是三个相互垂直的投影面）。在装饰工程制图中则分别称为正立面图、平面图、侧立面图。三视图能直观地表达物体的外形。

（2）镜像视图。对于某些工程形体，用直接正投影法绘制的图纸不易表达，可用镜像投影法绘制，但在图名后注明（镜像）两字。镜像投影法是把镜面放在形体的下面，代替水平投影，在镜面中反射得到的图像，如图1-92所示。

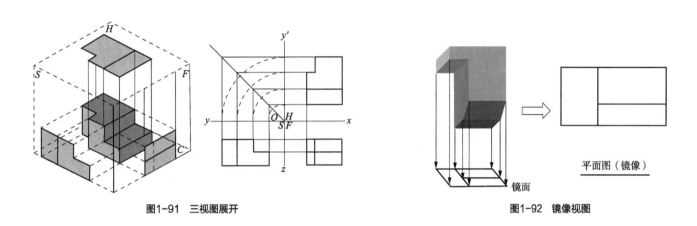

图1-91　三视图展开　　　　　　　　　　　　　　图1-92　镜像视图

1.5.3　剖面图与断面图

1.5.3.1　剖视图

在室内装饰制图中，运用剖视图可以清晰地表达物体内部的形态。剖视图是假设物体被一个一个切面在适当部位切开，移去切面与观察者之间的部分，将剩余部分投影到投影面上，并画出材料图例的投影图。如图1-93为一台阶的三视图，在视图中，由于踏步被侧挡板遮住而不可见，所以在侧立面图中看不见的台阶轮廓画成虚线，通常在三视图中，可用虚线来表示隐蔽部分，如图1-93（a）。现假想用一个平面P作为剖切平面，把台阶沿着踏步剖开，如图1-93（b）所示，再移去观察者和剖切平面之间的那部分台阶，然后作出台阶剩下部分的投影，则得到图1-93（c）中所示的1—1剖面图。

剖视图可作为三视图的补充，它对理解工艺、工程施工具有不可缺少的作用，是室内装饰工程上广泛采用的用以反映物体内部构造的表示方法，如图1-94所示。

在室内装饰设计制图中，常用到的剖视图有：全剖视图、半剖视图、阶梯剖视图、分层剖视图等。

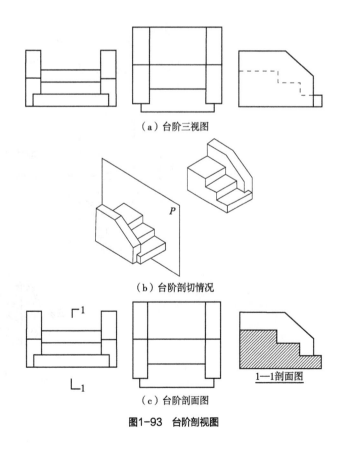

（a）台阶三视图

（b）台阶剖切情况

（c）台阶剖面图

1—1剖面图

图1-93　台阶剖视图

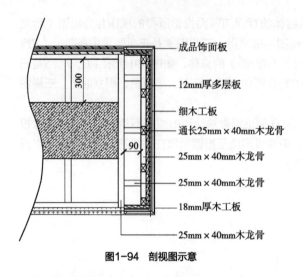

图1-94　剖视图示意

（1）全剖视图。是指假想用一个切面将整个物体全部切开，移去被切部分，能反映全部被切后情形的剖视图。全剖视图适用于外形简单、内部复杂且不对称的形体，如图1-95为一圆柱的全剖视图。当物体外形复杂但另有视图能表达清楚时，也可采用全剖视图。

（2）半剖视图。当物象是对称时，可以采用一半是外观视图、另一半是半剖视图的表示方法。半剖图是假想用一个剖切面将物体剖开，在同一个投影方向上，将物体从中心线或轴线一分为二，一半画成剖面图，另一半画成形体的外形图，如图1-96所示为空心砖的半剖视图。

（3）阶梯剖视图。简单的物体只用一个截平面剖切，就可以将其内部结构关系表达清楚，但要表达复杂物体的内部结构关系时，就需要两个或两个以上的截平面组成阶梯状的转折式截平面，才能表达清楚。我们把用两个或两个以上平行的剖切面剖切物体所得到的剖视图叫阶梯剖视图，如图1-97所示。采用阶梯剖视图可避免画多个剖面图。画阶梯剖视图时要注意不能把剖切平面的转折平面投影成直线，并且要避免剖切面在图形轮廓线上转折。

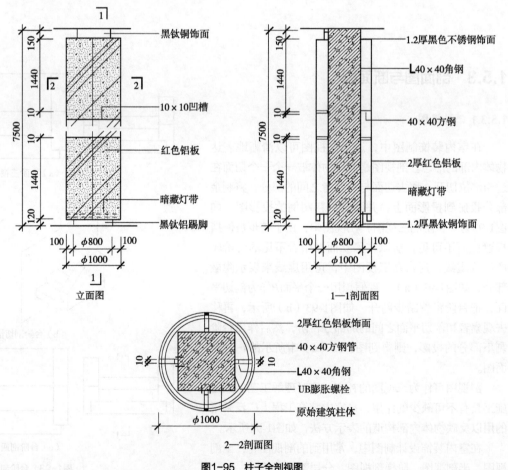

图1-95　柱子全剖视图

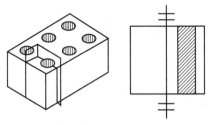

图1-96　半剖视图

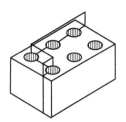

图1-97　阶梯剖视图

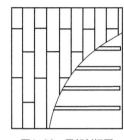

图1-98　局部剖视图

（4）局部剖视图。当形体某一局部的内部形态需要表达，但又没必要作全剖或不适合作半剖时，可以保留原视图的大部分，只将物体局部剖切投影得到的剖面图。图1-98所示为木地面的局部剖视图，其外层视图部分可用细波浪线分界，波浪线表明剖切范围不能超出图样的轮廓线，也不应和图样上的其他图线相重合。由于局部剖视图的剖切位置一般比较明显，所以局部剖视图通常都不会标注剖切符号，也不另行标注剖视图的图名。局部剖面图适用于构造层次较多或局部构造比较复杂的形体。

（5）分层剖切剖视图。对物体的多层构造可用平行平面按构造层次逐层局部剖开，用这种分层剖切的方法得到的剖视图，称为分层剖切剖视图。在装饰制图中常用来表达装饰物体的分层构造，如图1-99所示。分层剖切剖视图应按层次以波浪线将各层隔开，波浪线不应与任何图线重合。

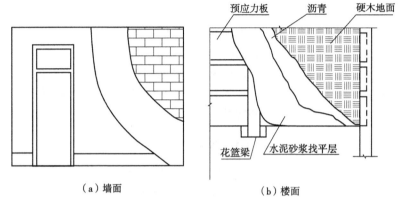

（a）墙面　　　　　　（b）楼面

图1-99　分层剖视图

剖视图的作法一般为三个步骤：

（1）确定剖切面的位置。画剖面图时，应考虑在什么位置剖开物体并选择剖切方法，并在平面图上标明剖切符号，以表明剖切位置、投影方向和剖面名称，清晰地反映所要表达部分的真实形态。如图1-100所示，使剖切后画出的图形能准确清晰地反映所要表达部分的真实形态。

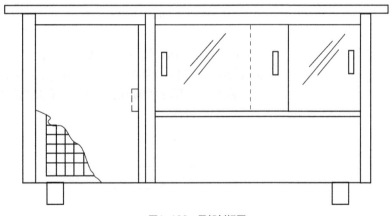

图1-100　局部剖视图

（2）画剖视图。剖切平面与物体接触部分的轮廓线用粗实线表示，剖切平面后面的可见轮廓线用中实线表示。为区分物体的空腔和实体部分，形体的剖面区域应画上材料图例，材料图例应符合现行行业标准《房屋建筑室内装饰装修制图标准》（JGJ/T 244）的规定。当不需要表明装饰材料的种类时，可用同方向、等间距的45°细实线表示剖面线，如图1-101所示。同一形体在各个剖面图中剖面线的倾斜方向和间距要一致。由不同材料组成的同一物体，剖开后，在相应的断面图应画不同的材料图例，并用粗实线将处在同一平面上两种材料图例隔开，如图1-102所示。

物体剖开后，当断面的范围很小时，材料图例可用涂黑表示有空隙，在两个相邻断面的涂黑图例间，应留有间隙，其宽度不得小于0.7mm。

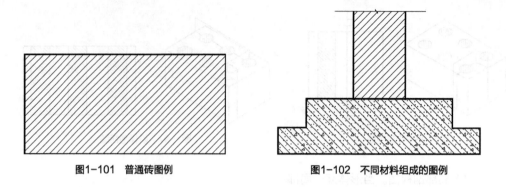

图1-101 普通砖图例   图1-102 不同材料组成的图例

在钢筋混凝土构件中，当剖面图主要用于表达钢筋分布时构件被切开部分，不画材料符号，而改画钢筋。

剖视图需标注剖切符号，剖切符号由剖切位置线、投影方向线及编号三部分组成。剖视图还应在图形的下方或一侧标注图名，图名为剖切符号编号，如"1—1剖面图"，并在图名下画一粗实线。

1.5.3.2 断面图

假想用一个剖切面将物体剖开后，仅画出该剖切面与物体接触部分的正投影，所得的图形称为断面图。断面图主要用于表达形体或构件的断面形状。常用于表达装饰形体上某一部分的断面形状，如建筑装饰工程中梁、板、柱等部位的断面形状。

断面图根据其安放位置不同，一般可分为移出断面图、重合断面图和中断断面图三种形式。

（1）移出断面。画在物体视图外面的断面图称为移出断面图。移出断面图适用于断面变化较多的构件。当一个物体有多个断面图时，应将各断面图按顺序依次整齐地排列在投影图的附近，如图1-103所示为板材背面槽口形式的2个移出断面图。根据需要，断面图可用较大的比例画出，移出断面图的轮廓线用粗实线画出，并尽量画在剖切符号或剖切面迹线的延长线上，必要时也可将移出断面图配置在其他适当的位置。

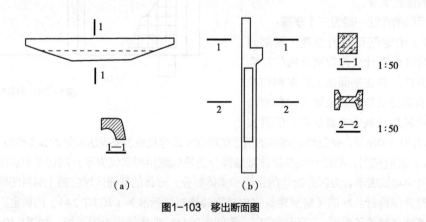

（a）   （b）

图1-103 移出断面图

（2）重合断面图。画在视图之内的断面图称为重合断面图。画重合断面图时，为了使断面轮廓线区别于投影轮廓线，断面图轮廓线应以粗实线绘制，断面内用45°细斜线画出。当视图的轮廓线与重合断面的图形重叠时，视图中的轮廓线仍应用粗实线连续画出，不可间断。重合断面图不作任何标注。如图1-104为一木材的断面图。

（3）中断断面图。断面图画在物体投影图的中断处，就称为中断断面。中断断面图适用于一些较长且均匀变化的构件。如图1-105所示，等直径的木材断面，可以将断面画在木材投影图中间。其画法是在构件投影图的某一处用折断线断开，然后将断面图画在当中。画中断断面图时，视图的中断处用波浪线或折断线绘制，画图的比例、线型与重合断面图相同。

1.5.3.3　断面图与剖面图的关系

断面图与剖面图都是用来表达物体的内部结构的图形，但两者之间还存在着本质的区别：

（1）所表达的对象不同。剖面图是物体剖切后剩余部分"体"的投影，除画出截断面的图形外，还应画出沿投影方向所能看到的其余部分，即能看到的都应该画出来；而断面图只画出物体被剖切后截断"面"的投影。

（2）剖面图与断面图的表示方法不同。首先，画剖面图是为了表达物体的内部形态和结构，而断面图则用来表达物体中某一局部的断面形态。其次，剖面图的剖切符号要表示出剖切位置线、投影方向线及剖面编号，而断面图的剖切符号只画剖切位置线，投影方向用编号所在的位置来表示。从图1-106可以比较剖面和断面的异同处。

（3）剖面图与断面图中剖切平面数量不同。剖面图可采用多个剖切平面进行剖切，如阶梯剖切、分层剖切视图都采用了多个剖切面，而断面图的剖切平面是单一的。

1.5.4　轴测图

平面视图能够比较全面地反映空间物体的形状和大小，具有作图方便、表达准确的优点，但因其缺少立体感，有时会给读图带来一定的难度。而轴测图具有立体感，弥补了平面视图的缺点。在装饰工程制图中常被用来作为辅助性表达设计的图样。

1.5.4.1　轴测图投影的形成

轴测图是采用斜平行投影法绘制的立体图，它从立体的角度反映物体总体形态。轴测图是将物体连同确定其空间位置的直角坐标系（O-XYZ）沿不平行于任一坐标面的方向，用平行投影法将其投影在单一投影面上所得到的三维图形，如图1-107所示。

在轴测图中常用的基本术语及符号：

（1）投影面称为轴测投影面，一般用P表示；

（2）轴测投影方向，一般用S表示；

（3）物体的长、宽、高三个方向的坐标轴OX、OY、OZ在轴测图中的投影O_1X_1，O_1Y_1、O_1Z_1称为轴测轴；

（4）轴测轴之间的夹角称为轴间角，见图3-56中的$\angle X_1O_1Y_1$、$\angle Y_1O_1Z_1$、$\angle Z_1O_1Y_1$轴间角确定了物体在轴测投影图中的方位；

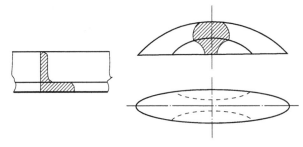

图1-104　重合断面图

图1-105　中断断面图

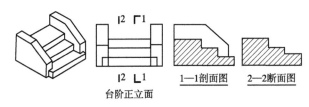

图1-106　断面图与剖面图的比较

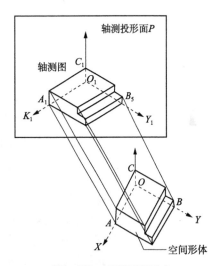

图1-107　轴测投影的形成

（5）物体沿轴测轴方向的线段长度与物体上沿坐标轴方向的对应线段之比称为轴向变形系数，如$p=O_1X_1/OX$称为X轴向变形系数，$q=O_1Y_1/OY$称为Y轴向变形系数，$r=O_1Z_1/OZ$称为Z轴向变形系数。变形系数确定了物体在轴测投影图中的大小。

当然，轴测图立体感较强，能表现物体的立体形象，较接近人们的视觉习惯，适合表现室内总体形态。但不能准确地反映物体真实的形状和大小，并且作图较正投影复杂，因而在设计过程中它只能作为辅助图样，帮助理解正投影视图。

轴测图具有平行投影的特性：

平行特征：物体上互相平行的线段，在轴测图上仍然互相平行。

定比特征：物体上两平行线段或同一直线上的两线段长度之比，在轴测图上保持不变。

实形特征：物体上平行轴测投影面的直线或平面，在轴测图上反映直线的实长或平面的实形。

1.5.4.2　轴测图投影的分类

轴测图根据投影方向与轴测投影面的相对位置不同，可分为正轴测投影图和斜轴测投影图两种。

正轴测投影图是将投影线方向垂直于轴测投影面所得到的图形，简单理解是指将Z轴保持垂直，平面图旋转30°，作图形时垂直方向保持垂直的成图形式，如图1-108所示。

斜轴测投影图是将投影线方向倾斜于轴测投影面所得到的图形，简单理解是指将Y轴倾斜45°，正立面图保持不动，作图形时将垂直于正立面的线均倾斜45°的成图形式，如图1-109所示。

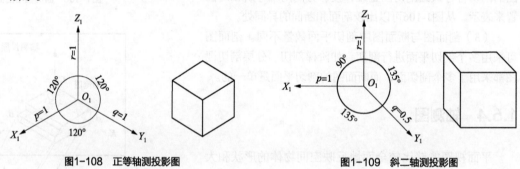

图1-108　正等轴测投影图　　　　　　　　　　　　图1-109　斜二轴测投影图

1.5.4.3　轴测图的作法

轴测图适合表现物体总体形态，但因其不符合人的视觉近大远小的原则，所以会产生不真实的感觉，故在装饰工程制图中不作为主要图形。这里只介绍常用的正等轴测图画法。为了方便作图，一般都运用平面图来作轴测图。

正等轴测投影图的画法简单，立体感强，在室内装饰工程制图中可以运用。现以室内简单家具为例，介绍正等轴测图的画法。

已知室内一电视柜的三视图。

第一步，在三个视图上确定坐标原点和坐标轴，将坐标原点选在电视柜的右下角点，这样可方便量取电视柜各边的长度，如图1-110（a）所示。

第二步，如图1-110（b）所示，建立正等轴测图的坐标系（X、Y、Z轴各成120°角）。

第三步，根据正等轴测图成图原理，将电视柜的俯视图旋转30°，在X_1轴和Y_1轴构成的平面上表现出来，即在O_1X_1轴上从O_1点量取$O_1A_1=a$，同样，在O_1Y_1轴上从O_1点量取$O_1B_1=b$。过A_1和B_1分别作O_1X_1和O_1Y_1的平行线，得到电视柜的底平面图，如图1-110（c）所示。

第四步，过底面各点分别作O_1X_1轴的平行线，量取高度h，作电视柜顶面各点，如图1-110（d）所示。

第五步，连接顶面各点，得到电视柜的顶面的轴测图，如图1-110（e）所示。

第六步，用同样的方法，绘制电视柜中的抽屉，如图1-110（f）所示。

第七步，擦去多余的作图线并加深，即完成了电视柜的正等轴测图，如图1-110（g）所示。

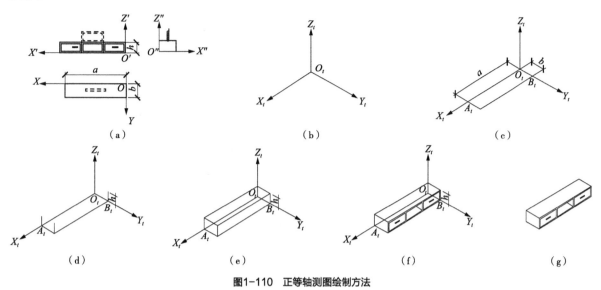

图1-110　正等轴测图绘制方法

习　题

1.指出下列标注的错误。

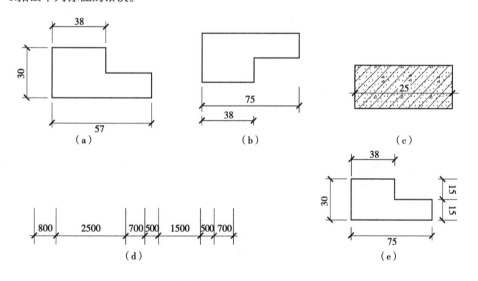

2.指出下列标注中哪些是定位尺寸。

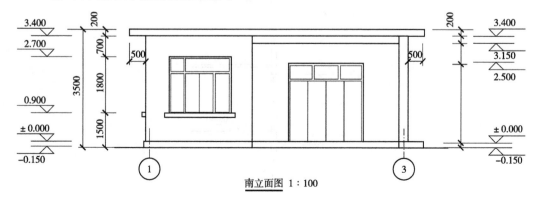

南立面图　1：100

3.对该图例进行标注，量取至1mm。

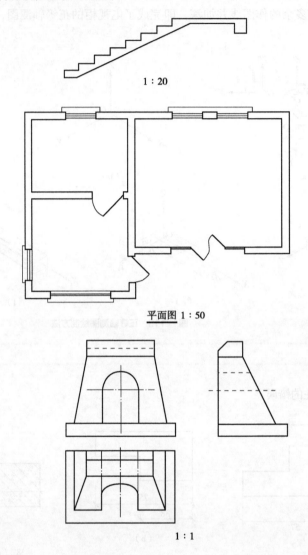

1 : 20

平面图 1 : 50

1 : 1

4.某建筑物层高2800，窗台高900，窗洞高1500，室内外高差450（单位：mm）。请在墙身剖面图上标注各部位标高。

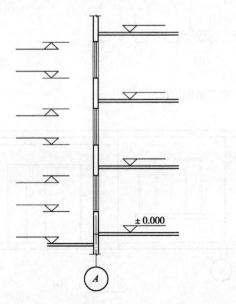

± 0.000

A

5.测绘该图形。

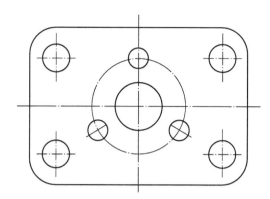

6.补全下列三视图。

（1）

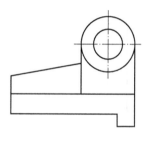

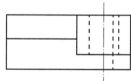

（2）

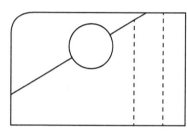

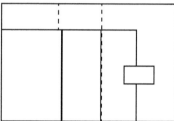

7.绘制下列图形的正等轴测图。

（1）

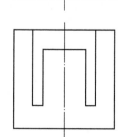

（2）

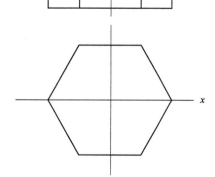

（3）

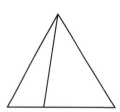

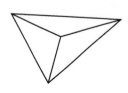

8.绘制下面图形的剖面图和断面图。

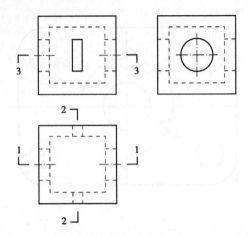

9.下图为某立体图形的正视图，绘制其俯视图，并思考有多少种俯视图。

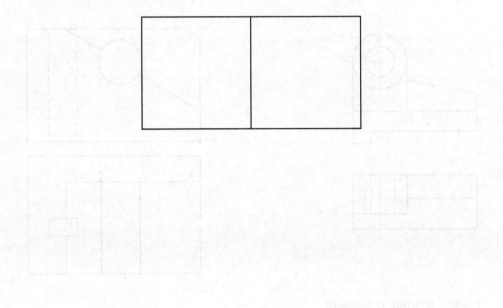

第**2**章

装饰工程平面图识图与绘制

室内装饰装修工程平面图是装修施工图的首要图纸，其他图样均是以平面图为依据而设计绘制的，平面图包括装修平面布置图和装修顶棚平面图。装饰工程的施工、会审与验收等过程均以平面施工图为依据，因此掌握平面图的识读与绘制方法是非常重要的。

2.1   装饰装修平面图组成与图示

装饰设计中的平面图主要表示建筑的平面形状、建筑的构造状况、室内的平面关系和室内的交通流线关系，以及室内主要物体的位置和地面的装修情况等。装饰设计中有以楼层或区域为范围的平面图，也有以单间房间为范围的平面图。前者侧重表示室内平面与平面间的关系，后者侧重表示室内的详细布置和装饰情况。

2.1.1   平面图的组成

平面布置图是假想用一个水平的剖切平面，在窗台上方位置，将经过内外装修的房屋整个剖开，移去以上部分向下所作的水平投影图。它的作用主要是用来表明建筑室内外种种装修布置的平面形状、位置、大小和所用材料；表明这些布置与布置之间的相互关系等。

顶棚平面图有两种形成方法：一是假想房屋水平剖开后，移去下面部分向上作直接正投影而成；二是采用镜像投影法，将地面视为镜面，对镜中顶棚的形象作正投影而成。顶棚平面图一般都采用镜像投影法绘制。顶棚平面图的作用主要是用来表明顶棚装修的平面形式、尺寸和材料，以及灯具和其他各种室内顶部设施的位置和大小等。

平面布置图和顶棚平面图，都是建筑装修施工放样、制作安装、预算和备料，以及绘制室内有关设备施工图的重要依据。

上述两种平面图中装修平面布置图的内容尤其烦杂，加上它控制了水平向纵横两轴的尺寸数，其他视图又多由它引出，因而是我们识读建筑装修施工图的重点和基础。

2.1.2   一般图示方法

平面图上的内容是通过图线来表达的，其图示方法主要有以下几种：

（1）被剖切的断面轮廓线，通常用粗实线表示。在可能情况下，被剖切的断面内应画出材料图例，常用的比例是1：100和1：200。墙、柱断面内留空面积不大，画材料图例较为困难时，可以不画或在描图纸背面涂红；钢筋混凝土的墙、柱断面可用涂黑来表示，以示区别。

（2）未被剖切图像的轮廓线，即形体的顶面正投影，如楼地面、窗台、家电、家具陈设、卫生设备、厨房设备等的轮廓线，实际上与断面有相对高差，可用中实线表示。

（3）纵横定位轴线用来控制平面图的图像位置，用单点长画线表示，其端部用细实线画圆圈，用来写定位轴线的编号。起主要承重作用的墙、柱部位一般都设定位轴线。平面图上横向定位轴线编号用阿拉伯数字，自左至右按顺序编写；纵向定位轴线编号用大写的拉丁字母，自下而上按顺序编写。其中，I、O、Z三个字母不得用作轴线编号，以免分别与1、0、2三个数字混淆。

（4）平面图上的尺寸标注一般分布在图形的内外。凡上下、左右对称的平面图，外部尺寸只标注在图像的下方与左侧。凡不对称的平面图，应根据具体情况而定，有时甚至图形的四周都要标注尺寸。尺寸分为总尺寸、定位尺寸、细部尺寸三种。总尺寸是建筑物的外轮廓尺寸，是若干定位尺寸之和。定位尺寸是指轴线尺寸，是建筑物构配件如墙体、门、窗、洞口、洁具等相应与轴线或其他构配件用以确定位置的尺寸。细部尺寸是指建筑物构配件的详细尺寸。

（5）平面图上的符号、图例用细实线表示。门窗符号在平面图上出现较多。门的代号为M，它具有供人们内外交通、采光、通风、隔热、保温及防盗的功能；窗的代号为C，它具有采光、通风、眺望、隔音、保温及防盗的功能。

（6）楼梯在平面图上的表示随层不同。底层楼梯只能表现下段可见的踏步面与扶手，在剖切处用折断线表示，以上梯段则不用表示出来了。在楼梯起步处用细实线加箭头表示上楼方向，并标注"上"字。中间层楼梯应表示上、下梯段踏步面与扶手，用折断线区别上、下梯段的分界线，并在楼梯口用细实线加箭头画出各自的走向和"上""下"的标注。顶层楼梯应表示出自顶层至下一层的可见踏步面与扶手，在楼梯口用细实线加箭头表示下楼的走向，并标注"下"字。也可在与楼梯相关的中间平台标注标高。

2.2　装饰装修平面图内容

装修施工图是以投影视图的形式，运用有关图式语言——图像、线条、数字、符号和图例等，遵循国家标准的规定要求来表示装修工程的构造、饰面、施工做法及建筑空间各部位的相互关系。

建筑装修工程作为独立的单项工程时，施工图的根本依据仍然是土建工程图纸，尤其是装修施工平面图，其外围尺寸关系、外窗位置、阳台、户门与室内以及贯穿楼层的烟道、楼梯和电梯等，均需依靠土建工程图纸所给出的具体部位和准确的平面尺寸，用以确定装修施工平面布置的设计位置和局部尺寸。但在工程实践中，装修图纸往往也会显示出自身的绘制特点，比如它在造型上的复杂性和生动感，以及细部艺术处理的灵活表现等。

装修施工图的识读和图纸会审，应密切结合对现场的实地勘查。

2.2.1　平面布置图

平面布置图在反映建筑基本结构的同时，主要说明在建筑空间平面上的装修项目布局，装

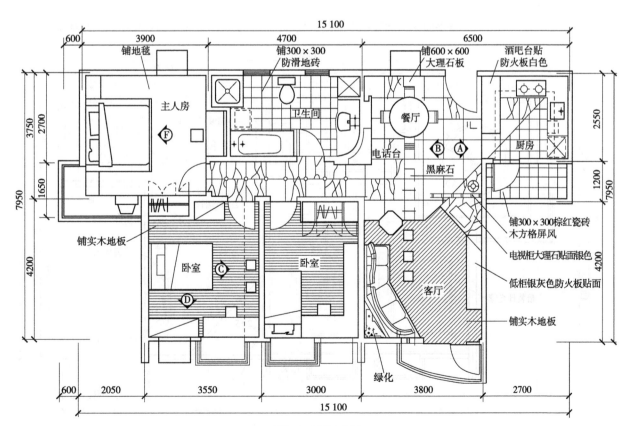

图2-1　平面布置图

修工程在平面上与土建结构的对应关系，以及装修设施和设备的设置情况和相应的尺寸关系。装修平面图基本上是某一建筑空间的立面装修、地面装修做法和空间分隔装修等施工的统领性依据，代表了设计者与甲方业已肯定的基本装修方案，亦是其他分项图纸的重要依据。

平面布置图一般包括下述几方面的内容，如图2-1所示。

（1）表明装修工程空间的平面形状和尺寸。建筑物在装饰装修平面图中的平面尺寸分为三个层次，即工程所涉及的主体结构或建筑空间的外包尺寸、各房间或建筑装修分隔空间的设计平面尺寸、装修局部及工程增设装修的相应设计平面尺寸。对于较大规模的装修工程平面图，为了与主体结构明确对照以利于审图和识读，尚需标出建筑物的轴线编号及其尺寸关系，甚至标出建筑柱位编号。

（2）表明装修工程项目在建筑空间内的平面位置，及其与建筑结构的相互尺寸关系；表明装饰装修工程项目的具体平面轮廓和设计尺寸。

（3）表明建筑楼地面装修材料、拼花图案、装修做法和工艺要求。

（4）表明各种装修设置和固定式家具的安装位置，表明它们与建筑结构的相互关系尺寸，并说明其数量、材质和制造（或商品成品）要求。为进一步展示装修平面设计的合理性和适用性，设计者大多在平面图上画出活动式家具、装饰陈设及绿化点缀顶，它们同工程施工并无直接关系，但对于甲方和施工人员可提供有益的启示，便于对功能空间的理解和辨识。

（5）表明与该平面图密切相关的各立面图的视图投影关系和视图的位置及标号。

（6）表明各剖面图的剖切位置、详图及通用配件等的位置和编号。

（7）表明各种房间或装修分隔空间的平面形式、位置和使用功能；表明走道、楼梯、防火通道、安全门、防火门或其他流动空间的位置和尺寸。

（8）表明台阶、水池、组景、踏步、雨篷、阳台及绿化等设施和装饰小品的平面轮廓与位置尺寸。

2.2.2 顶棚装修平面图

顶棚装修平面图也称天花平面图，按规范的定义应是以镜像投影法绘制的顶棚装修平面

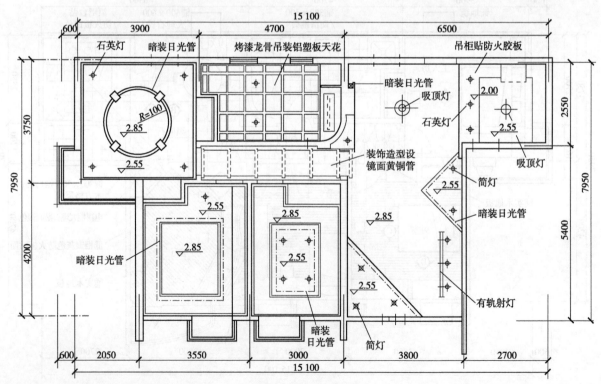

图2-2　装饰顶平面图

图，用于表现设计者对建筑顶棚的装修平面布置及装修构造要求。图2-2用来说明顶棚装修平面图的常用方式，对于较为小型的室内顶棚平面设计，可以采用约定俗成的简易画法，该图在造型部位注写了标高尺寸，能够使施工人员按常规做法准确地使用龙骨构架及罩面板就位安装，无须更多地查阅细部详图。

顶棚装修平面图一般包括下述几方面的内容：

（1）表明顶棚装饰装修平面及其造型的布置形式和各部位的尺寸关系。

（2）表明顶棚装饰装修所用的材料种类及其规格。

（3）表明灯具的种类、布置形式和安装位置。

（4）表明空调送风、消防自动报警和喷淋灭火系统及与吊顶有关的音响等设施的布置形式和安装位置。

（5）对于需要另设剖视图或构造详图的顶棚装修平面图，应表明剖切位置、剖切符号和剖切面编号。

2.3　装饰装修平面布置图识读与绘制

室内平面设计需依据原有建筑平面图，故室内设计师在设计之前，需要对建筑空间及结构的各部分尺寸有个详细了解。其内容较建筑平面图复杂，本节通过建筑平面图与室内装饰平面图的比较来详细阐述室内平面图的内容。

2.3.1　平面布置图的识读

2.3.1.1　图示内容

建筑设计平面图的图示内容有各房间的布局和名称，如墙柱、门窗洞口、定位轴线及其编号、楼电梯、管道井、阳台、露台、雨篷、坡道等内容。而室内装饰平面图除需表示建筑平面图的上述内容之外，还需标明装饰设计后的墙体、门窗、平台、楼梯、管井等位置；标明固定的和不固定的装饰造型、隔断、构件、家具、陈设、卫生洁具、照明灯具以及其他装饰配置和饰品的名称、数量和平面位置；标明门窗、橱柜或其他构件的开启方向和方式；标明装饰材料的品种和规格，以及材料的拼接线和分界线；标明简单地面的做法等，如图2-3所示。

当室内地面做法比较复杂，铺装材料多样且有特殊造型时，为了使地面做法更加清晰明确，也可单独绘制一张地面铺装平面图，简称铺装图，如图2-4所示。铺装图中需标明地面材料的品种、规格、色彩，如有分格应表示分格大小。如有图案，要表示图形标注尺寸；标明地面中其他埋地设备，如埋地灯、地插座等。如果图形复杂，必要时可另绘制地面局部详图。

2.3.1.2　尺寸注法

建筑设计平面图的外轮廓需标注三道尺寸，分别为最外道尺寸（房屋两端外墙面之间的总尺寸），第二道轴线间距尺寸，最内道尺寸（外墙的门窗洞口宽度和洞间墙尺寸）。而室内平面图在外轮廓尺寸标注上与建筑平面图略有不同，在建筑设计平面基础上所做的室内平面，其外部尺寸只标注两道尺寸，一道为总距离尺寸，另一道为建筑轴线尺寸或室内分隔墙的距离尺寸。砖石设计平面除了外部尺寸，还需要标注内部尺寸，主要有装饰造型、家具和配套设施的定位尺寸和铺地、景观小品等尺寸，一般直接标注在所表示的内容附近。

有的室内平面图需注明楼地面标高，用来区分平面图上不同地坪的上下关系。建筑平面图以底层地面标高为 ±0.000，其他楼层标高基于底层标高计算。而室内设计平面图的标高是取室内楼、地面装修完成的面为 ±0.000。此外，室内装修平面图还应标注主要平台、台阶、固

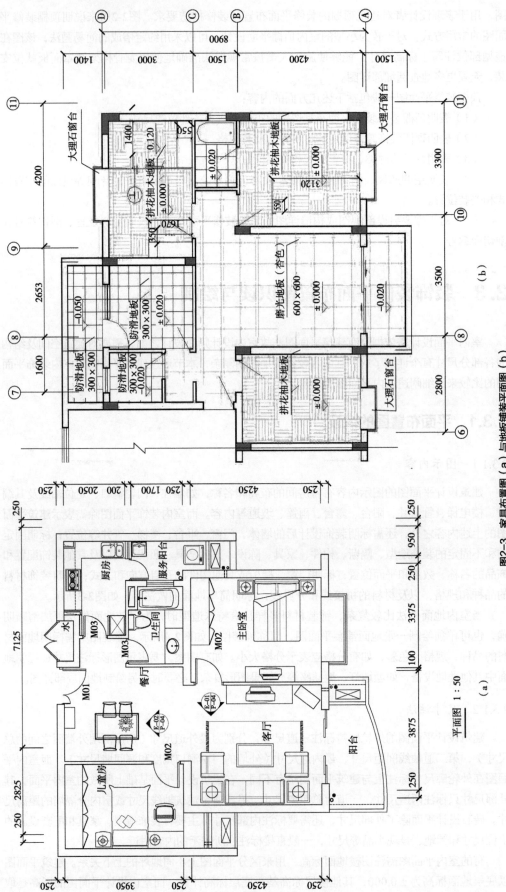

图2-3 家具布置图（a）与地板铺装平面图（b）

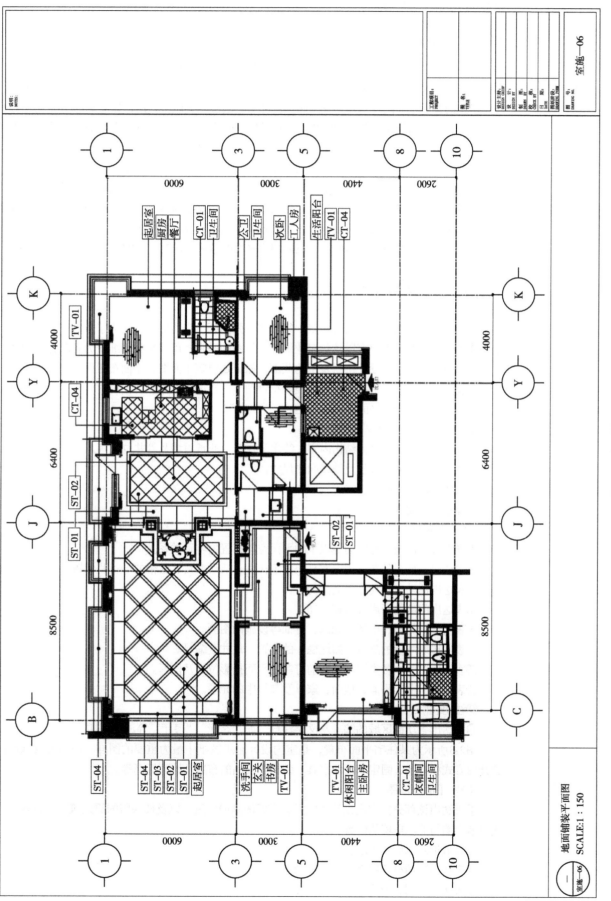

图2-4　地面铺装图

定台面等有高差处的设计标高。

2.3.1.3 符号标注

（1）索引符号。为了表示室内立面在平面图中的位置及名称，应在室内平面图内标注立面索引符号，表示出方向及立面编号。在整套装饰设计图纸中，当立面图和剖切图比较多时，应有单独的索引平面图，它对查找、阅读局部图纸起着"导航"作用，如图2-5所示。

（2）图名、比例标注。装饰平面图的图名应标注在图样的下方。当装饰设计的对象为多层建筑时，可按其所表明的楼层层数来标明，如一层平面图、二层平面图等。若只需反映平面中的局部空间，可用空间的名称来标明，如客厅平面图、主卧室平面图等。对于多层相同内容的楼层平面，可只绘制一个平面图，在图名上标注出"标准层平面图"或"某层—某层平面图"即可。在标注各平面中房间或区域的功能时，可用文字直接在平面中标注各个房间或区域的功能，也可采用序号代替文字，而在图的旁边标明序号所指示的功能。

在图名旁边还需注明图形比例，室内装饰平面图常用比例有1:200、1:100、1:50等。

2.3.2　平面图的命名

由于室内平面图表达的内容较多，很难在一张图纸上表达完整，也为了方便表达施工过程中各施工阶段、各施工内容以及各专业供应方阅图的需求，可将平面图细分为各项分平面图。各项分平面图内容仅指设计所需表示的范围，如原始建筑平面图、平面布置图、平面隔墙图、地面铺装图、立面索引平面图、开关插座布置图等。当设计对象较为简易时，视具体情况可将某几项内容合并在一张平面图上来表达。

（1）原始建筑平面图。

①表达出原建筑的平面结构内容，绘出承重墙、非承重墙及管井位置等。

②表达出建筑轴线编号及轴线间的尺寸。

③表达出建筑标高。

④标示出指北针等。

（2）平面布置图。

①详细表达出该部分剖切线以下的平面空间布置内容及关系。

②表达出隔墙、隔断、固定家具、固定构件、活动家具、窗帘的形状和位置。

③表达出活动家具及陈设品图例。

④表达出门扇的开启方式和方向。

⑤表达出计算机、电话、光源、灯饰等设施的图例。

⑥表达出地坪上的陈设（如地毯）的位置、尺寸及编号。

⑦表达出立面中各类壁灯、镜前灯等的平面投影位置及图形。

⑧表达出暗藏于平面、地面、家具及装修中的光源。

⑨注明装修地坪标高。

⑩表达出各功能区域的编号及文字注释，如"客厅""餐厅"等注释字样。

图2-3所示为某住宅平面布置，是室内设计施工图纸中最为重要的图样，清晰地反映出门窗开启方式和方向、固定和活动家具、装饰陈设品的布置及地面标高等。

（3）平面隔墙图。

①表达出该部分按室内设计要求重新布置的隔墙位置，以及被保留的原建筑隔墙位置，表达出承重墙与非承重墙的位置。

②原墙拆除以虚线表示。

③表达出隔墙材质图例及龙骨排列。

④表达出门洞、窗洞的位置及尺寸。

图2-5　索引图

⑤表达出隔墙的详细定位尺寸。

⑥表达出建筑轴号及轴线尺寸。

⑦表达出各地坪装修标高的关系。

图2-6所示为标出详细的内部隔墙尺寸的平面隔墙图。

（4）地面铺装图。

①表达出该部分地坪界面的空间内容及关系。

②表达出地面材料的品种、规格。

③表达出埋地式内容（如埋地灯、暗藏光源、地插座等）。

④表达出地面拼花或大样索引号。

⑤表达出地面装修所需的构造节点索引号。

⑥注明地坪标高关系。

⑦注明轴号及轴线尺寸。

图2-4所示地面铺装图是平面布置图的必要补充，省略了活动家具的绘制，只绘制出了固定家具和地面材料的铺装。如客厅、门厅、餐厅等使用了地砖，卧室、书房都使用实木地板铺装，并表示出实木地板铺装方向，卫生间、阳台和厨房使用了防滑砖。

（5）立面索引平面图。

①详细表达出该部分剖切线以下的平面空间布置内容及关系。

②表达出隔墙、隔断、固定构件、固定家具、窗帘等。

③详细表达出各立面、剖立面的索引号和剖切号，表达出平面中需被索引的详图号。

④表达出地面的标高关系。

⑤注明轴号及轴线尺寸。

⑥不表示任何活动家具、灯具、陈设品等。

⑦以虚线表达出在剖切位置线之上的，需强调的立面内容、地面铺装材料图内容。

立面索引平面图如图2-5所示。

（6）开关插座布置图。

①表达出该部分剖切线以下的平面空间布置内容及关系。

②表达出各墙面、地面的开关，强、弱电插座的位置及图例。

③不表示地面材料的排版和活动的家具、陈设品。

④注明地坪标高关系。

⑤注明轴号及轴线尺寸。

⑥表达出开关、插座在本图纸中的图表注释。

图2-7省略了除墙体、尺寸的其他元素，插座和弱电都以符号的形式表示在图中，且靠墙放置。插座和弱电在室内装饰设计制图中没有统一的国家标准，所以在图的右上角绘制图例来说明图中的符号。

2.3.3 平面图的绘制

室内装饰平面图的画法如下：

第一步：选定比例和图幅，绘制建筑平面图。首先，绘制墙柱的定位轴线，为了看图方便，定位轴线需要编号；其次，绘制墙体、柱和门窗洞口，如图2-8（a）所示。

第二步：绘制室内设计细部内容。要求绘制出家具、陈设、家用电器、灯具、绿化景观、地面材料、壁画、浮雕等的位置和式样。在比例尺较小的图样中，可以适当简化，只画出家具、陈设或各类设施的外轮廓即可，如图2-8（b）所示。

第三步：标注尺寸、图名及比例。按照尺寸标准对图纸进行尺寸标注，需标出室内投影符号、索引符号及必要的说明。在图样下方注写图名和比例，如图2-8（c）所示。

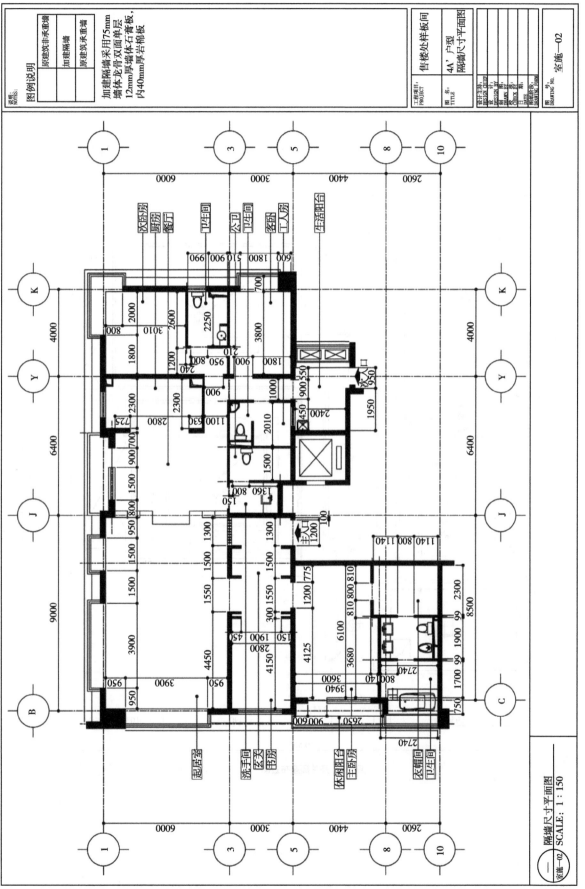

图2-6　平面隔墙图

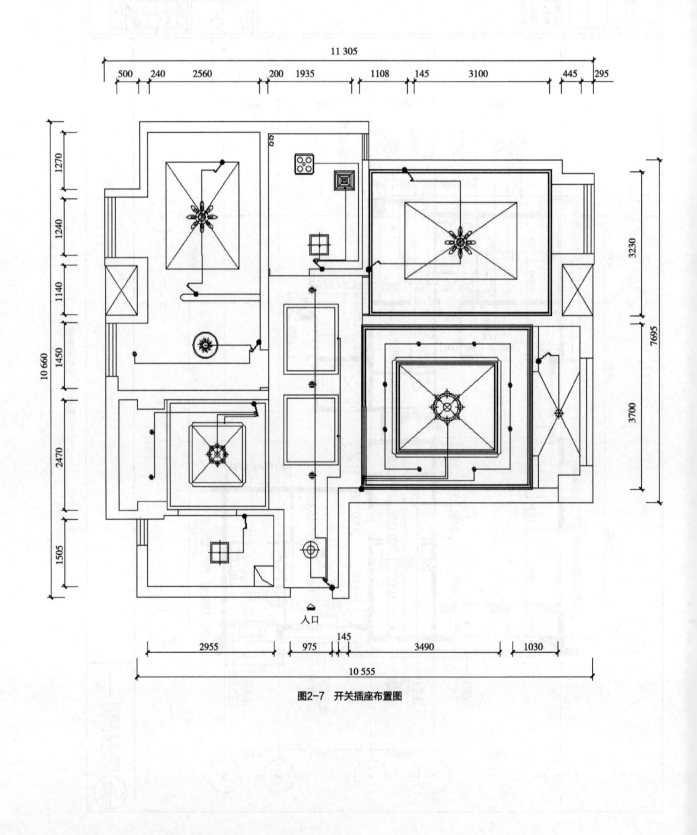

图2-7　开关插座布置图

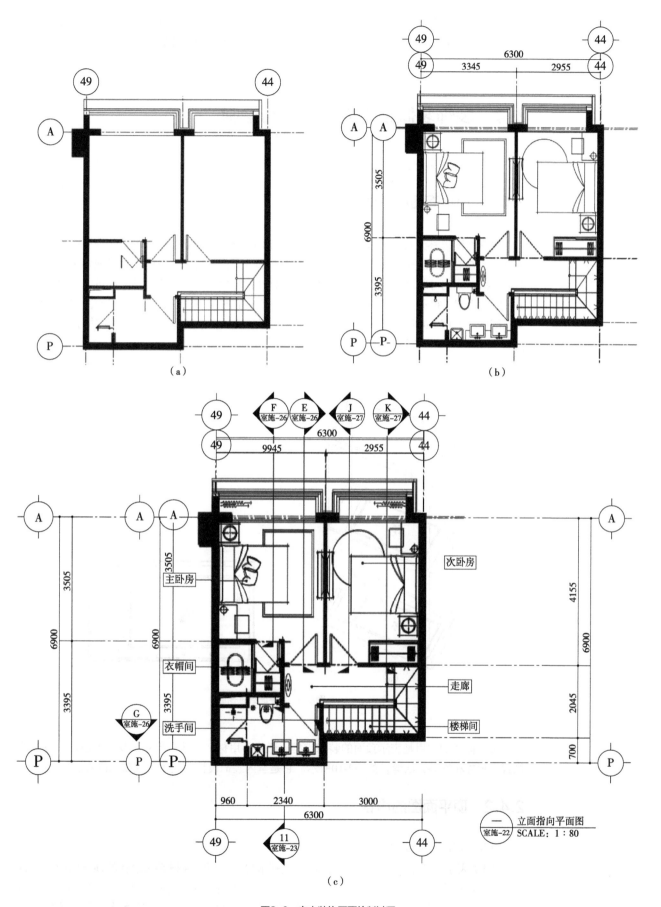

（a）

（b）

（c）

图2-8 室内装饰平面绘制过程

为了使图样表达清晰，需使用不同的线型线宽。被剖切的墙、柱轮廓线应用粗实线表示，家具陈设、固定设备的轮廓线用中实线表示，其余投影线用细实线表示，即作出一套完整的平面图。

2.4 装饰装修顶平面图识读与绘制

顶平面图会涉及灯光、吊顶等方面的设计和施工，这对于室内装饰来说尤为重要。

2.4.1 顶平面图的形成与作用

顶平面图也称天花平面图或吊顶平面图。顶平面图的形成是用一个假想的水平剖切面，从窗台上方把房间剖开，移去下面部分，对上面部分所作的镜像投影图。为了理解室内顶面的图示方法，我们可以设想与顶面相对的地面为整片的镜面，顶面的所有形象都可以映射在镜面上，这镜面就是投影面，镜面呈现的图像就是顶面的正投影图。这种绘制顶平面图的图法称镜像视图法，如图2-9所示。用此方法绘出的顶平面图所显示的图像，其纵横轴线排列与平面图完全一致，便于相互对照，更易于清晰识读。

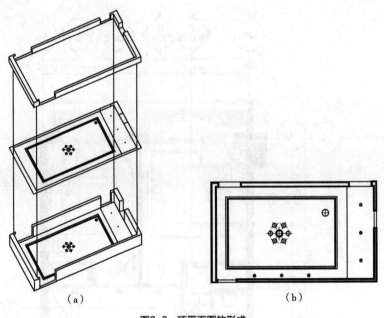

（a）   （b）

图2-9 顶平面图的形成

顶平面图的作用是表示顶面的装饰造型、形式、用材、工艺、尺寸以及各种设备、设施的位置、尺寸和安装方法等，如图2-10所示。它是室内装饰设计图纸不可或缺的内容。

2.4.2 顶平面图的内容

顶平面图的主要内容有：

（1）表示建筑结构与构造的平面形状及基本尺寸。用镜像投影法绘制的顶平面图，左右位置及轴线排列与装饰平面图关系对应。顶平面图需表明墙柱和门窗洞口位置，但门只需画出边线即可，不画门扇及开启方向线。同时要表示门窗过梁底面，为区别门洞与窗洞，窗扇用一

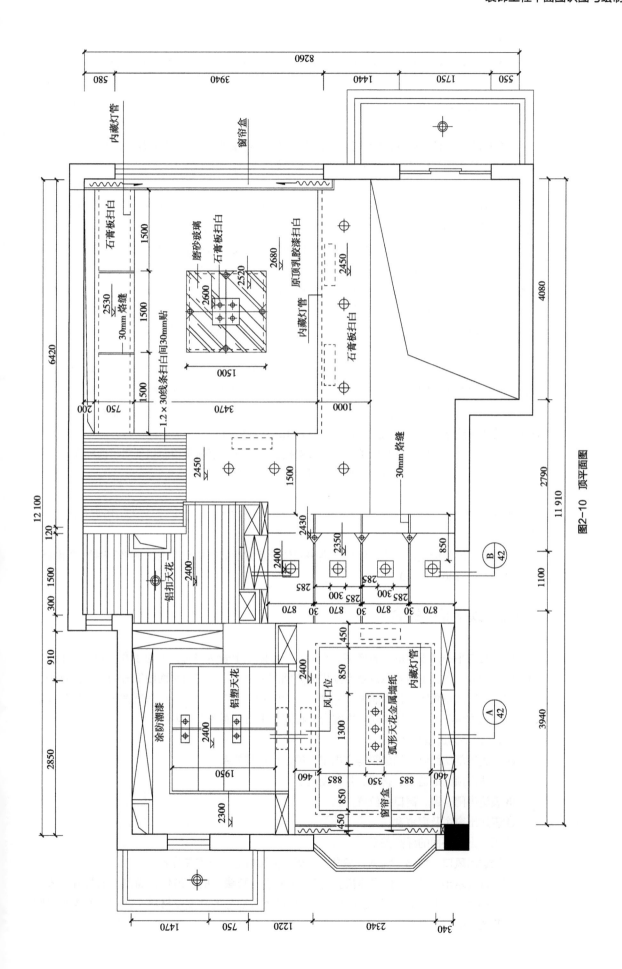

图2-10　顶平面图

条细虚线表示。

（2）表示顶面装饰造型的平面形式和尺寸，并通过附加文字说明其所用材料、色彩及工艺做法要求等。顶面的高度变化应结合造型平面分区线用标高的形式来表示，是以本层地面为零点的标高数值，即房间的净空高度。由于是标注顶面各构件底面的高度，因而标高符号的尖端应向上。

（3）表示顶部灯具灯带的式样、规格、数量及布置形式和安装位置。顶平面图上的设备、设施，按比例画出其正投影外形轮廓，力求简明概括，并附加文字说明。

（4）表示设备设施，如空调系统的风口、顶部消防系统的喷淋和烟感报警器、音响设备与检查口等设施的规格、布置形式、定位尺寸与安装位置。另外，在装饰中为了协调水、电、暖通、消防等各种设备、设施的布置定位，可绘制出顶面设备综合布点图。在该图中应将灯具、喷淋头、风口及顶面造型的位置都标注清楚。顶面设备综合布点图的绘制原则是：一是应符合各专业的规范要求；二是各设施的布点不能发生冲突，要做到造型美观。顶面设备综合布点图一般都由装饰设计专业与各设备设计专业协调完成。

（5）表示墙体顶部有关装饰配件（如窗帘盒、窗帘、窗帘轨道等）的形式和位置。

（6）表示顶面剖面构造详图的剖切位置、剖切面编号及投影方向。

（7）尺寸标注。

①轴线标注，用镜像法绘制的顶平面图图形的前后、左右位置及轴线的纵横排列与装饰平面图相同。当顶平面图标明了墙柱断面和门窗洞口，就不必再重复标注轴间尺寸、洞口尺寸和洞间墙尺寸，这些尺寸可对照平面布置图来标注。定位轴线和编号也不必每轴都标，只需在平面图形的四角部分标出，以确定它与平面布置图的对应位置。

②标高，顶平面图的标高以顶面所在楼层楼面为基准，应标明顶面和分层吊顶标高。

③定位尺寸，顶平面图应标明灯具、风口等设备的定位尺寸。

（8）符号标注。

①详图和索引符号，在顶平面图上应标明顶面构造详图的剖切位置及剖面构造详图所在的位置。

②图名、比例标注，顶平面图的图名表示位置及方法同装饰平面图，顶平面图的常用比例有1：200、1：100、1：50。

2.4.3　顶平面图的命名

由于室内平面图表达的内容较多，很难在一张图纸上表达完善，也为了方便表达施工过程中各施工阶段、各施工内容以及各专业供应方阅图的需求，可将顶平面图细分为各项分顶平面图，如顶面装修布置图、顶面装修尺寸图、顶面装修索引图、顶面灯控布置图等。当设计较简易时，视具体情况可将上述某几项内容合并在同一张顶平面图上来表达。

（1）顶平面造型平面图。

①表达出剖切线以上的建筑与室内空间的造型及其关系。

②表达出顶面的造型、材料、灯位图例。

③表达出门、窗、洞口的位置。

④表达出窗帘及窗帘盒。

⑤表达出各顶面的标高关系。

⑥表达出风口、烟感、温感、喷淋、广播、检修口等设备安装位置。

图2-11表示出了顶面的造型情况，有二级吊顶、暗藏灯槽、吊灯、筒灯、射灯等各种灯具，复杂的吊顶上用引出线方式标高，表示出吊顶各部分的高度及材料，在右上方绘制了图例，说明图中的灯具符号。

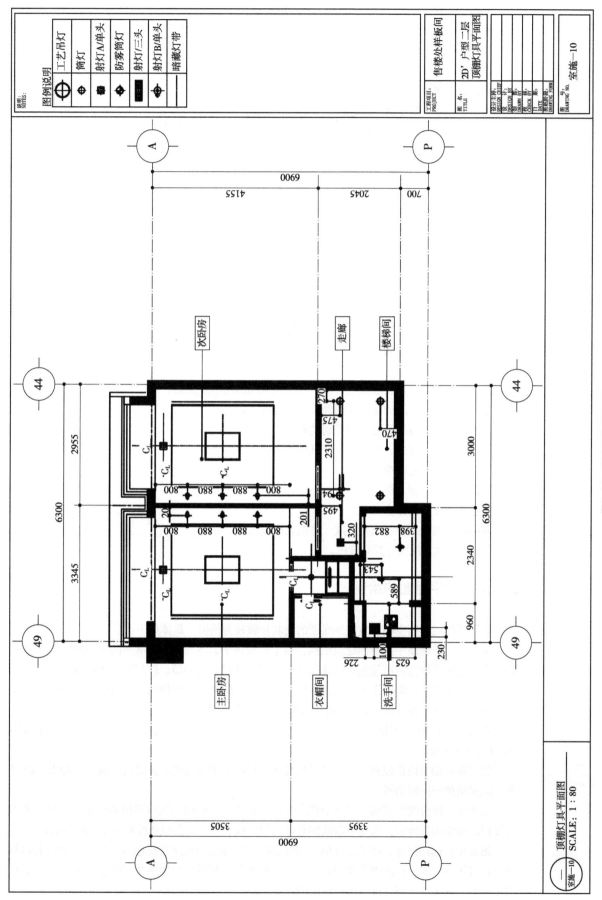

图2-11　顶平面造型平面图

（2）顶面装修尺寸图。

①表达出该部分剖切线以上的建筑与室内空间的造型及关系。

②表达出详细的装修、安装尺寸。

③表达出顶面的灯位图例及其他装饰物并注明尺寸。

④表达出窗帘、窗帘盒及窗帘轨道。

⑤表达出门、窗、洞口的位置。

⑥表达出风口、烟感、温感、喷淋、广播、检修口等设备安装（需标注尺寸）。

⑦表达出顶面的装修材料及排版。

⑧表达出顶面的标高关系。

（3）顶面装修索引图。

①表达出该部分剖切线以上的建筑与室内空间的造型及关系。

②表达出顶面装修的节点剖切索引号及大样索引号。

③表达出顶面的灯位图例及其他装饰物（不注尺寸）。

④表达出窗帘及窗帘盒。

⑤表达出门、窗、洞口的位置。

⑥表达出风口、烟感、温感、喷淋、广播、检修口等设备安装（不注尺寸）。

⑦表达出平顶的装修材料索引编号及排版。

⑧表达出平顶的标高关系。

（4）顶面灯控布置图。

①表达出该部分剖切线以上的建筑与室内空间的造型及关系。

②表达出每一光源的位置及图例（不注尺寸）。

③表达出开关与灯具之间的控制关系。

④表达出各类灯光、灯饰在本图纸中的图表。

⑤表达出窗帘及窗帘盒。

⑥表达出门、窗、洞口的位置。

⑦表达出顶面的标高关系。

⑧以弧形细虚线绘制出需连成一体的光源设置。

图2-12所示为顶面灯控布置图。

2.4.4　顶平面图的绘制

顶平面图的绘制步骤与室内平面图的绘制步骤较为相似，具体如下：

第一步：绘制顶平面图的建筑结构，由于形成顶平面图与室内平面图的原理相似，都是从窗台上方的水平位置将房屋剖开形成剖面图，所以其剖切到的墙、柱与平面图中的墙柱完全一致。在顶平面图中只需要用粗实线画墙体，不必画墙体材料的图例和门窗造型及开启线，所以在门窗缺口处应将墙体进行封闭连接，如图2-13（a）所示。

第二步：绘制顶面造型。运用正投影原理，画出顶面造型的平面投影，并标注标高如图2-13（b）所示。

第三步：绘制设备设施的位置及定位尺寸。种类繁多的设备，如灯具、风口、喷淋、烟感器，应采用统一图例绘制。

第四步：区分线条等级，顶平面图上凡是剖到的墙、柱轮廓线应用粗实线表示；吊顶造型的投影线用中实线表示；顶面中暗藏的灯带用细虚线表示；其余设备投影线用细实线表示。

第五步：标注尺寸、图名及比例。按照制图规范标注顶面尺寸及标高。其中，顶面上的不同材料宜用不同的材料图例来填充，对于特殊材料和工艺可用必要的文字说明。在注明详图索引符号时，应在图形下方标注图名和比例尺。

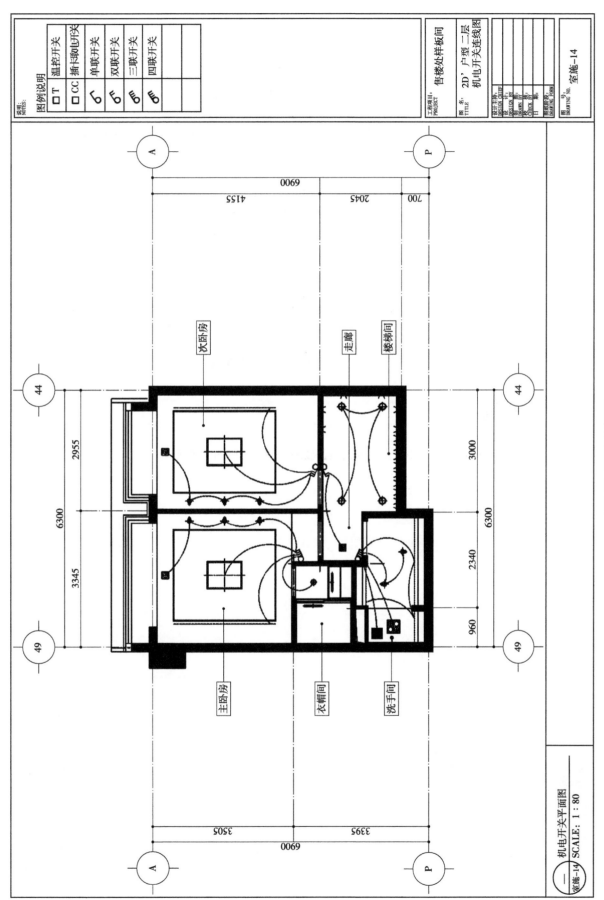

图2-12　顶面灯控布置图

图例说明：

□ T	温控开关
□ CC.	插卡取电开关
σ	单联开关
σ᷌	双联开关
σ᷌᷌	三联开关
σ᷌᷌᷌	四联开关

说明：
NOTES：

工程项目：售楼处样板间
PROJECT

图　名：2D' 户型　二层
TITLE　机电开关连线图

设计主持
DESIGN CHIEF
绘　图
DRAWN BY
审　核
CHECK
日　期

图　号：　室施-14
DRAWING NO.

机电开关平面图
SCALE: 1 : 80

室施-14

主卧房
衣帽间
洗手间

次卧房
走廊
楼梯间

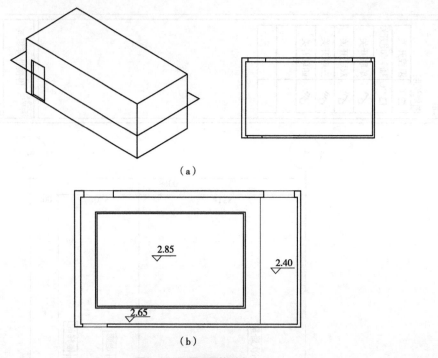

（a）

（b）

图2-13　顶平面图的形成

习　题

设计并绘制一间客厅（32m²，层高2.8m）的平面图和顶平面图。

第*3*章

装饰工程立面图识图与绘制

室内装饰立面图是表现室内墙面、柱面、隔断、家具等垂直面的装饰图样。主要表现室内高度，门窗的形式和位置，墙面的材料、颜色、造型、凹凸变化和墙面布置的图样。室内装饰立面图是室内立面造型和设计的重要依据。室内装饰立面图表现的图样大多为可见轮廓线，是垂直界面及垂直物体的所有图像的反映。

3.1   立面图形成与种类

立面图的形成就是建筑物墙面向平行于墙面的投影面上所作的正投影图。而室内装饰立面图是平行于室内各方向的垂直界面的正投影图，如图3-1所示。

3.1.1   立面图的形成方法

装饰立面图的形成方法有两种：

一种是依照建筑剖面图的方法形成：假想平行于某空间立面方向有一个竖直平面从空间顶面至底面将该空间剖开，移去剖切面近处部分，对余下部分作正投影图，即得到该墙面的正视图。正视图中应将剖切到的地面、顶面、墙体、门窗以及地面陈设等的位置、形状和图例表示出来，所以也称为剖立面图，如图3-2（a）所示。用这种方法绘制的图纸内容丰富，能让人看出房间内部及剖切部分的全部内容，其缺点是表现的内容太多，会出现主次不清的结果，如家具部分把墙面装饰物挡住等。这种方法常用于绘制装饰形式简洁的墙面。

另一种形成方法是：依照人站在室内向各内墙面观看而作出的正投影图，即对地面以上，吊顶以下墙面以内的墙、柱面部分饰物作正投影。这样形成的立面图不出现剖面图形，故图中不必表达两侧墙体、楼板和顶面内容，只需表达墙面上所能看到的内容，如图3-2（b）所示。用这种方法绘制的图纸简洁明了，可以表达装饰内容复杂的墙面，是室内装饰制图中普遍应用的立面图的表示方法。

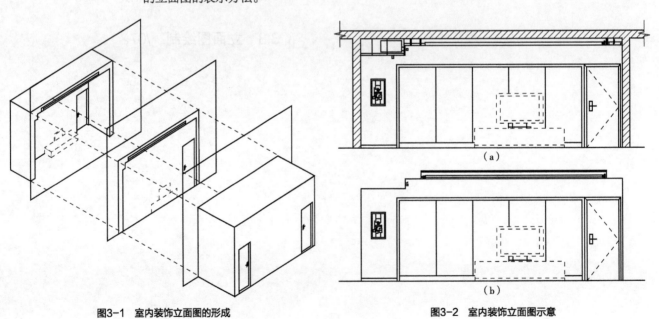

（a）

（b）

图3-1 室内装饰立面图的形成   图3-2 室内装饰立面图示意

3.1.2   立面图的种类

若是建筑的外观墙面，则称为外视立面图，常简称立面图，如图3-3～图3-6所示。

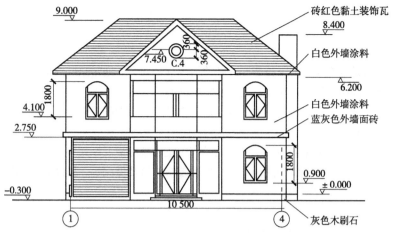

图3-3 ①~④立面图

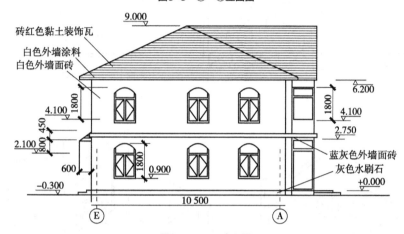

图3-4 E~A立面图

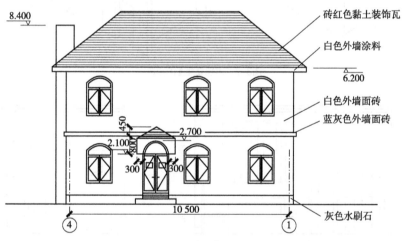

图3-5 ④~①立面图

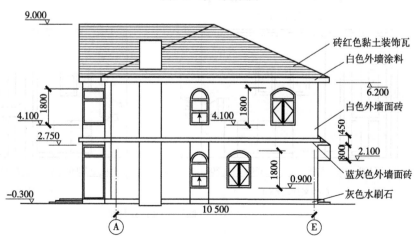

图3-6 A~E立面图

若是内部墙面的正投影图，则称为内视立面图，通常是装修立面图，且为剖面图，亦即室内竖向剖切平面的正立投影图，如图3-7所示。

外视立面图的作用主要是表达建筑物各个观赏面的外观，如立面造型、材质与效果、技术水平、外部做法及要求、指导施工等。

内视立面图主要表达室内墙面及有关室内装修情况，如室内立面造型、门窗、比例尺度、家具陈设、壁挂等装饰的位置与尺寸、装修材料及做法等。如图3-8～图3-12就是图3-13某住宅内装修平面布置图的立面图。

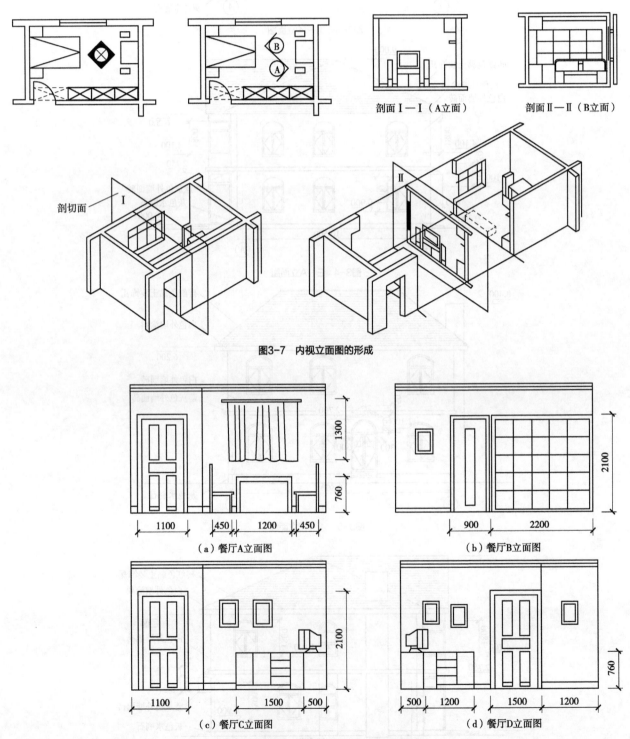

剖面Ⅰ—Ⅰ（A立面）   剖面Ⅱ—Ⅱ（B立面）

图3-7 内视立面图的形成

（a）餐厅A立面图   （b）餐厅B立面图

（c）餐厅C立面图   （d）餐厅D立面图

图3-8 餐厅立面图

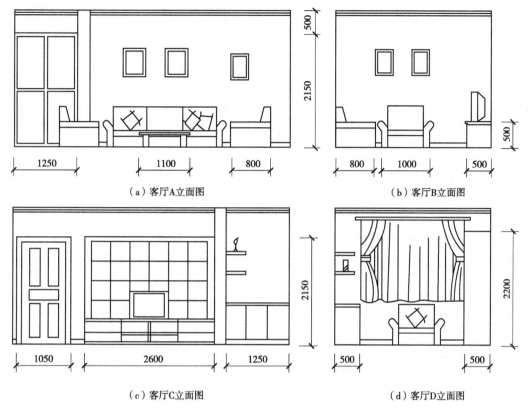

（a）客厅A立面图　　　　　　　　　　（b）客厅B立面图

（c）客厅C立面图　　　　　　　　　　（d）客厅D立面图

图3-9　客厅立面图

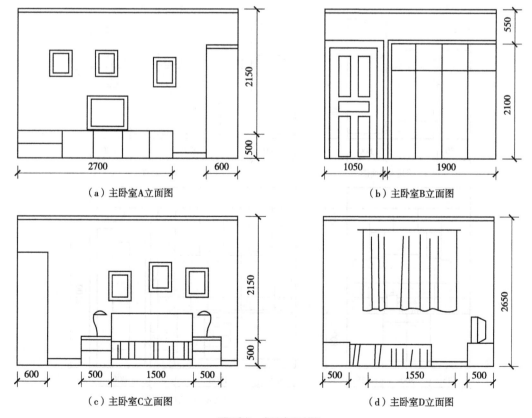

（a）主卧室A立面图　　　　　　　　　（b）主卧室B立面图

（c）主卧室C立面图　　　　　　　　　（d）主卧室D立面图

图3-10　主卧室立面图

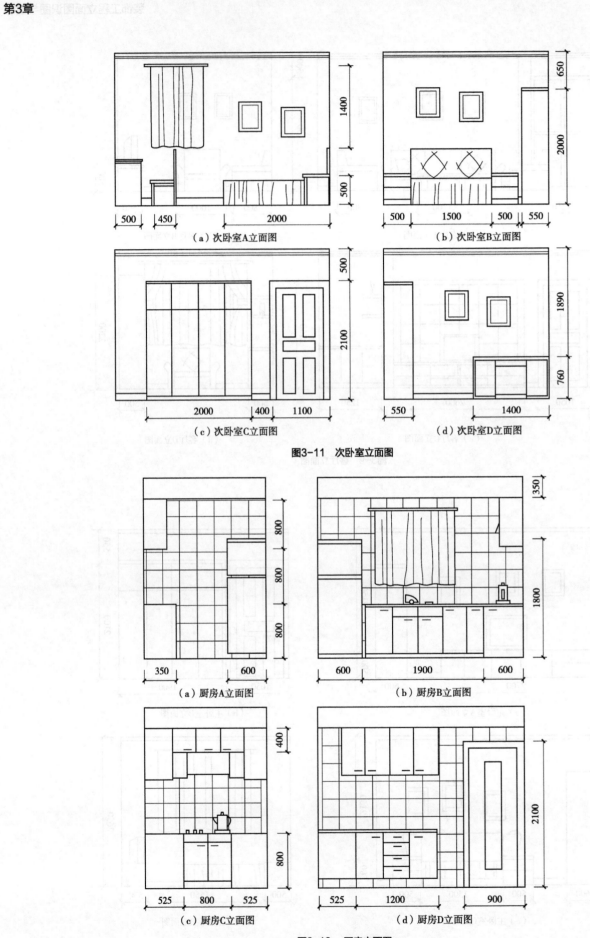

（a）次卧室A立面图　　　　（b）次卧室B立面图

（c）次卧室C立面图　　　　（d）次卧室D立面图

图3-11　次卧室立面图

（a）厨房A立面图　　　　（b）厨房B立面图

（c）厨房C立面图　　　　（d）厨房D立面图

图3-12　厨房立面图

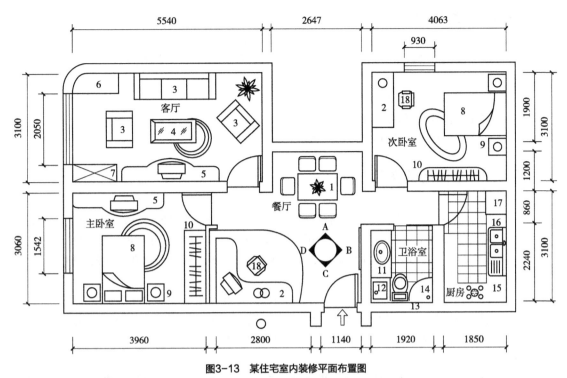

图3-13　某住宅室内装修平面布置图

1—餐桌、餐椅；2—写字台；3—沙发；4—茶几；5—电视机柜；6—储物柜；7—书架；8—双人床；9—床头柜；10—衣橱；11—洗手台；12—拖把池；13—坐便器；14—沐浴室；15—燃气灶带料理台；16—双头水槽；17—冰箱；18—转椅

立面图的种类有外视立面图、内视立面图及内视立面图展开图等。

就室内装修来说，内视立面图是指在室内空间见到的内墙面的图示及内视立面中的家具陈设、设施布局、壁挂和有关的施工内容，应做到图像清晰、数据完善。内视立面图多数是表现单一的室内空间，但也容易扩展到相邻的空间。图上不仅要画出墙面布置和工程内容，还必须把该空间可见的家具、设施、摆设、悬吊物等都表现出来。同时，还要把视图中的轴线编号、控制标高、重要的尺寸数据、详图索引符号等充实到内视立面图中，满足施工需要。图名应标注房间名称、投影方向。必要时，也应把轴线编号加以标注。

3.2　立面图内容与识读

建筑设计中的室内立面，主要通过剖面来表示，建筑设计的剖面可以表明总楼层的剖面和室内部分立面图的状况，并侧重表现出剖切位置上的空间状态、结构形式、构造方法及施工工艺等。而装饰设计中的立面（特别是施工图）则要表现室内某一房间或某一空间中各界面的装饰内容以及与各界面有关的物体，如家具、陈设品、设施等。

3.2.1　立面图的主要内容

（1）室内里面轮廓线，顶棚有吊顶时可画出吊顶、灯槽等剖切轮廓线（粗实线表示），墙面与吊顶的收口形式，可见的灯具投影图形等。

（2）墙面装修造型及陈设（如壁挂、工艺品等）、门窗造型及分格、墙面灯具、暖气罩等装饰内容。

（3）装修选材、立面的尺寸标高及做法说明。图外一般标注一至两道竖向及水平向尺寸，以及楼地面、顶棚等的装饰标高；图内一般应标注主要装饰造型的定型、定位尺寸。做法的标注采用细实线引出。

（4）室内外景园小品或其他艺术造型体的立面形状和高低错落位置尺寸。

（5）室内外立面装饰的造型和式样，并用文字说明其饰面材料的品名、规格、色彩和工艺要求。

（6）附墙的固定家具及造型（如影视墙、壁柜）。

（7）各种装饰面的衔接收口形式。

（8）索引符号、说明文字、图名及比例等。

3.2.2   立面图的图示方法

（1）图示内容：装饰立面图需要表达出墙面和柱面上的装饰造型、固定隔断、固定家具、装饰品等；表示出门、窗及窗帘的形式和尺寸；表示出顶面剖切部位的装饰造型、材料品种及施工工艺；表示出立面上的灯饰、电源插座、通信和网络信号插孔、开关、消火栓等位置，表明材料、产品型号和做法等。

（2）尺寸标注：标注出立面的宽度和高度。宽度可通过墙体定位轴线和编号来表示，高度用标高符号表示，并采用相对标高面为标高零点，并以此为基准来表明立面图上地面高差、建筑层高以及顶面剖切部位的标高。此外，还应标注出立面上装饰造型的定位尺寸及相关尺寸。

（3）符号标注：标注出立面索引符号、图样名称和制图比例以及需要放大的局部剖面的符号。装饰设计中的立面是指立面所在位置的方向。在制图过程中，同一立面可以有不同的表达方式，各个设计者或设计单位可根据自身作图习惯及图纸的要求选择，但在同一套图纸中，通常只采用一种表达方式。立面的表达方式，目前常用的主要有以下三种：

①在装饰平面图中标出立面索引符号，用A，B，C，D等指示符号来表示立面的指示方向，如图3-14（a）。

②利用轴线位置表示，如图3-14（b）。

③对于局部立面的表达，也可直接使用此物体或方位的名称，如屏风立面、客厅电视柜立面等，如图3-14（c）。

通常室内某一空间的墙面、柱面的面积较小，所以制图比例一般不宜小于1∶50。在这个比例范围内，可以清晰地表达出室内立面上的形体。

3.2.3   立面图的识读要点

内视图立面的识读，应从图名、比例、视图方向、装饰面及所用材料尺寸和相关的安装尺寸等方面识读。具体有以下几点：

（1）看清图名、比例及视图方向。

（2）搞清楚每个立面上有几种不同的装饰面，这些装饰面的造型式样、文字说明、所用材料以及施工工艺要求。

（3）弄清地面标高、吊顶顶面的高度尺寸。装饰立面图一般都以首层室内地面为零，并以此为基准来标明其他高度，如装饰吊顶顶面的高度尺寸，楼层底面高度尺寸，装饰吊顶的叠级造型相互关系尺寸等。高于室内基准点的用正号表示，低于室内基准点的用负号表示。

（4）立面上各种不同材料饰面之间的衔接收口较多，要看清收口的方式、工艺和所用材料。收口方法的详图，可在立面剖面图或节点详图上找出。

（5）弄清装饰结构与建筑结构的衔接，以及装饰结构之间的连接方法。结构间的固定方式应该看清，以便准备施工时需要的预埋件和紧固件。

（6）要注意设施的安装位置、规格尺寸、电源开关、插座的安装位置和安装方式，便于在施工中预留位置。

（7）重视门、窗、隔墙、装饰隔断等设施的高度尺寸和安装尺寸。门、窗开启方向不能搞错。配合有关图纸，对这类数据和信息做到心中有数。

（8）在条件允许时，最好结合施工现场看施工立面图，如果发现立面图与现场实际情况不符，应及时反映给有关部门，以免造成差错。

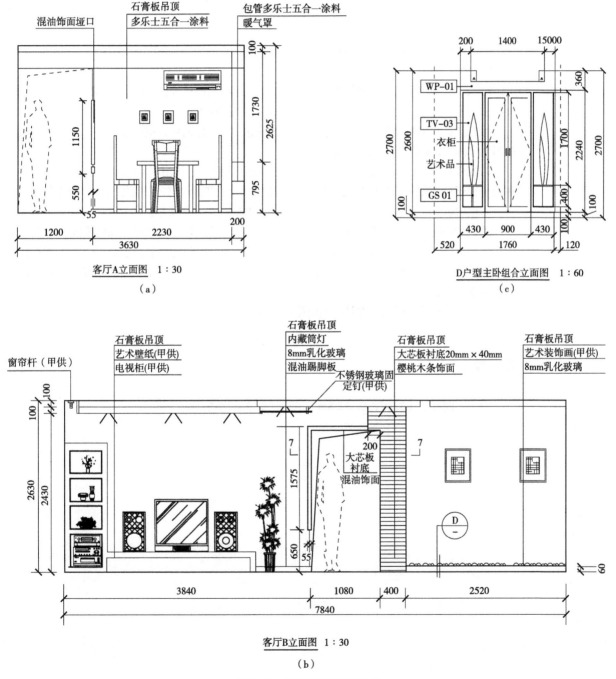

图3-14　室内装饰立面图的命名

3.3 立面图绘制

室内装饰立面图应按一定方向依顺序绘制。立面图应选取具有代表性的墙面绘制，通常仅刷涂料的墙面不需画出立面图。当某空间中的两个相同立面，一般只要画出一个立面，但需要在图中用文字说明；当墙面较长，而某个部分又用处不大时，可以截取其中一段，并在截断处画折断符号；当墙面有洞口，并且后面有能看到的物体时，立面图只画该墙面上的物象，后面能看到的物体不必画出；当平面呈弧形或异形的室内空间时，立面图形可以将一些连续立面展开成一个立面绘制，但应在立面图图名后加注"展开"二字，如图3-15所示。

立面图根据其上述形成方法不同，也有两种绘制方法：一种方法是重点绘制墙面造型、装饰内容，而装饰立面与顶面楼板、两侧墙面只绘制轮廓线；另一种方法是除了立面造型、装饰内容，还需绘制立面两侧的墙剖面和顶面剖切面。通常，当另有顶面大样图时，顶面的剖切面可以省略不画。

以上两种绘制方法的步骤基本相同，具体如下：

第一步：选定立面图的比例，定图幅。

第二步：画出楼地面、楼板结构、顶面造型、墙柱面的轮廓线。画出剖切立面时，应将立面两侧墙体、楼板、梁、顶面造型的剖切面画出，如图3-15（a）所示。

第三步：画出墙面装饰柱造型以及门窗的投影。如设计需要，室内家具、陈设、绿化等的投影也应画出，如图3-15（b）所示。

第四步：区分图线等级。立面图的外轮廓线、顶面剖面线用粗实线绘制，地坪线可用加粗线（粗于标注线宽的1.4倍）绘制，装修构造的轮廓和陈设的外轮廓线，用中实线绘制，材料、质地的表现、尺寸标注等宜用细实线绘制，如图3-15（b）所示。

第五步：标注尺寸和说明文字。标注出纵向尺寸和横向尺寸，地面、顶面等水平部位应标明标高。标注壁饰、装饰线等造型的定位尺寸。室内家具陈设等物品应根据实际大小用图纸统一比例绘制，可不必标注尺寸。立面图中各装饰面的材料、色彩及施工工艺可用文字来说明，如图3-15（c）所示。

第六步：标注详图索引符号、剖切符号、图名和比例。

习 题

绘制一间客厅（32m²，层高2.8m）电视背景墙立面图。

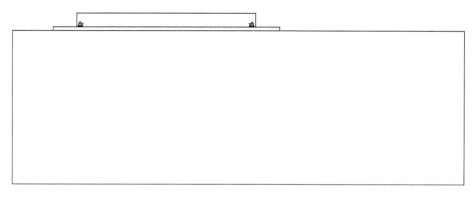

D户型客厅展开立面图 1∶60

（a）

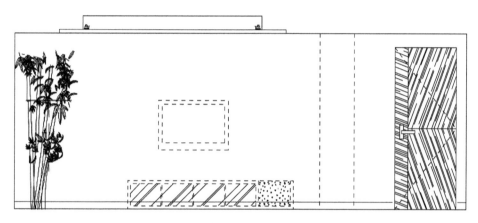

D户型客厅展开立面图 1∶60

（b）

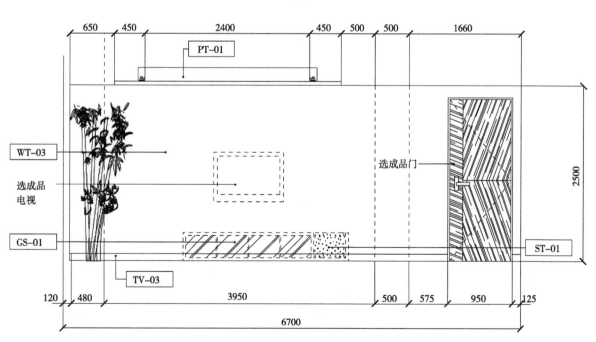

D户型客厅展开立面图 1∶60

（c）

图3-15 立面图的形成

第4章

装饰工程剖面图及详图识图与绘制

室内装饰剖面图和详图是对在平面图及立面图中无法表达清楚的部分进行局部剖切，以表达室内设计中装饰构造的构成方式、使用材料的装饰形式以及承重构件之间的相互关系等，室内装饰剖面图可为施工提供详细的依据，也可为节点详图的绘制提供基础资料。因此，在室内装饰工程中常会有隐蔽施工和较复杂的节点，剖面图是对隐蔽施工和节点形式的详细描述。

4.1 剖面图内容与绘制

室内装饰剖面图是用一假想竖直平面将室内或物体需表达的部位剖开，移去视线前面的部分，对剩余部分按照正投影原理绘制以得到表示内部关系和结构连接方法的图形。剖面的形成有全剖面、阶梯剖面，装饰工程剖面图一般有墙身剖面图、顶面剖面图和局部剖面图。

4.1.1 剖面图的类型

建筑装修剖面图简称剖面图（即剖视图），根据用途、表现范围不同，可有两种类型。

4.1.1.1 整体剖面图

整体剖面图又称剖立面图。图4-1就是某酒店大堂的一幅建筑装修剖立面图。初步观察显然与立面布置图有些相似，但两者到底有何异同，下面进行分析讨论。

（1）剖立面图的形成。与建筑剖面图形成相似，它也是用一剖切平面将整个房间切开，画出切开房间内部空间物体的投影，然后对于构成房间周围的墙体及楼地面的具体构造却可省略。剖立面图就是剖视图，形成剖立面图的剖切平面的名称、位置及投射方向应在平面布置图中表明。

（2）剖立面图的内容、画法与用途。剖立面图的作用与立面布置图的作用相似，但它不只表现某一墙面装修后的布置状况，还表现出整个房间装修后室内空间的布置状况与装修后的效果，因而它具有感染力。剖立面图中也允许加画花草、树木、喷泉、山石等景观造型，甚至也可以绘制少量人物以烘托装饰房间的功能。剖立面图可作为立体效果图的深入与补充，一般情况下使用不多，但是当拟用剖立面图来代替立面布置图表明墙面布置状况，并同时也需表明顶棚构造及墙体装修构造时，则最好使用剖立面图，但在这种情况下剖立面图中的尺寸、结构材料等内容应完整齐全，要能满足工程施工要求。

4.1.1.2 局部剖面图

图4-2是一幅表现吊顶做法的建筑装修局部剖面详图实例。

（1）局部剖面图的形成。从图4-2所给出的局部剖面图可以看出，局部装修剖面图与建筑图中剖面详图一样，也都是用局部剖视来表达局部节点的内部构造。

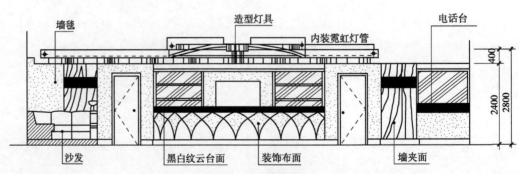

图4-1 整体剖面图实例

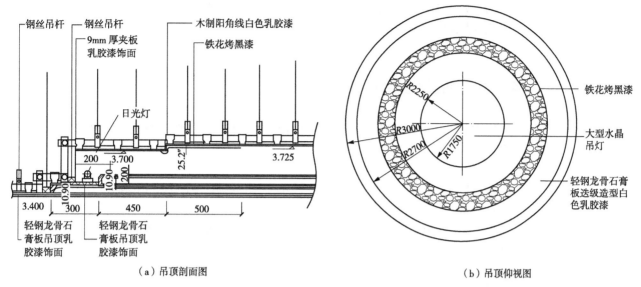

（a）吊顶剖面图　　　　　　　　　　　　　　　　（b）吊顶仰视图

图4-2　局部装修剖面图实例

（2）局部剖面图的内容、画法与用途。局部剖面图主要是用来表现装修节点处的内部构造。房间要装修的部位很多，只要需要便可画剖面图。由于局部剖面图都是作样图用，所以画图比例较大，且用详图索引符号给出剖面图的名称。局部剖面图一般要与其他图样共同表现装修节点。

4.1.2　剖面图主要内容

（1）表明建筑的剖面基本结构和剖切空间的基本形状，并注出所需的建筑主体结构的有关尺寸和标高。

（2）表明装修结构和装修面上的设备安装方式或固定方法。

（3）表明装修结构与建筑主体结构之间的衔接尺寸与连接方式。

（4）表明节点详图和构配件详图的所示部位与详图所在位置。

（5）表明装修结构的剖面形状、构造形式、材料组成及固定与支承构件的相互关系。

（6）表明剖切空间内可见实物的形状、大小与位置。

（7）表明某些装饰构件、配件的尺寸、工艺做法与施工要求，另有详图的可概括表明。

（8）表明图名、比例和被剖切墙体的定位轴线及其编号，以便与平面布置图和顶棚平面图对照阅读。

4.1.3　剖面图图示方法

（1）图示内容。室内装饰剖面图需要绘制出：被剖到的墙、柱、楼板、吊顶和家具等结构部分的内容；剖切空间内可见物体的形状、大小与位置；表示装饰结构的剖面形状、构造形式、各层次的材料品种、规格以及相互之间的连接方式；表示装饰结构和装饰面上的设备安装方式或固定方法；表示装饰构件、配件的尺寸、工艺作法与施工要求；表示节点详图和构配件详图的所示部件与详图所在位置。

（2）尺寸、比例和图名标注。室内装饰剖面图需标注的尺寸主要有墙体、柱之间定位轴线间尺寸，同时标注与平面图相对应的编号；门窗洞口间距；各部位构造尺寸；楼层地面标高、顶面标高、门窗标高、造型标高。还需要用文字标注来说明材料名称和型号、施工工艺和施工要求。

对于某些没法表达清楚需要画详图的部位应标注索引符号。

室内装饰剖面图的比例可与立面图相同。

室内装饰剖面图以剖切位置的编号来命名，如1-1剖面图、2-2剖面图。

4.1.4 剖面图的绘制

室内装饰剖面图的绘制方法与装饰立面图画法相似，其主要区别在于剖面图需要画出被剖切到的墙体、柱子、楼板等，具体步骤如下：

第一步：选定比例、定图幅。

第二步：根据剖切位置画出剖到的楼地面、顶面结构、墙柱面、门窗洞口的轮廓线，并标出剖面图例。

第三步：绘制出剖到部分的装饰构造层次、施工工艺、连接方式以及材料图例，如图4-3所示。

第四步：按照正投影原理绘制出看到的家具陈设及其他设施。

第五步：明确图面线条等级。剖切到的建筑结构体轮廓用粗实线，装饰构造层次用中实线，材料图例线及分层引出线等用细实线。

第六步：标注尺寸、详图索引符号、说明文字、图名比例，完成作图，如图4-3所示。

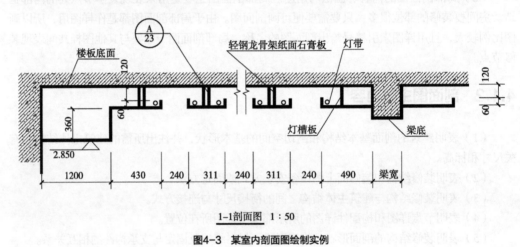

1-1剖面图 1：50

图4-3 某室内剖面图绘制实例

4.2 详图识读与绘制

在装修剖面图中，有时由于受图纸幅面、比例的制约，对于装修细部、装饰构配件及某些装修剖面节点的详细构造，常常难以表达清楚，给施工带来困难，有的甚至无法进行施工，因此必须另外用放大的形式绘制图样才能表达清楚，满足施工的需要，这样的图样就称为详图。详图是室内视图和剖视图的补充，其作用是满足装修细部施工的需要。

详图包括装饰构配件详图、剖面节点详图等。详图可以是平面图、顶棚图、立面图、剖面图、断面图，也可以是轴测图、构造节点图等。根据装修工程中的实际情况，可适当增减详图数量，以表达清楚、满足施工需要为原则。

4.2.1 详图的形成与作用

详图一般有局部大样图和节点详图两种，如图4-4所示。局部大样图是指把平面图、立面图、剖面图中某些需要详细表达设计的部位，单独进行放大比例绘制的图样。大样图的比例一

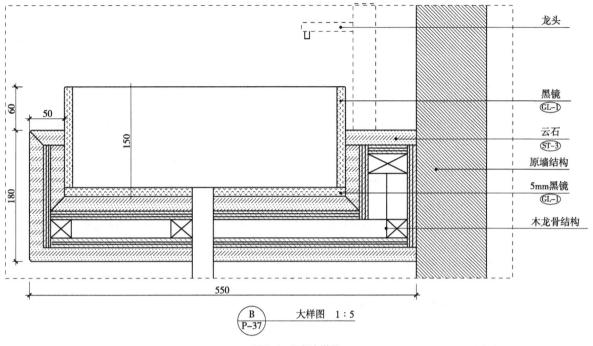

龙头

黑镜
GL-1

云石
ST-3

原墙结构

5mm黑镜
GL-1

木龙骨结构

60　50　150　180　550

B
P-37　　　大样图　1 : 5

图4-4　局部大样图

般取1 : 50，1 : 10，1 : 5。

节点详图是将两个或两个以上装饰面的汇交点按垂直或水平方向剖开，进行放大比例绘制的图样。节点详图需清楚反映节点处的连接方法、材料品种、施工工艺和安装方法等。节点详图的比例比大样图的比例大，表达的内容更清晰。节点详图的比例一般取1 : 1，1 : 2，1 : 5，1 : 10，其中1 : 1的详图也称为足尺图。

由于平面图、立面图、剖面图在表示装饰造型、构造做法、材料选用、细部尺寸等细节受图例的限制，只能通过大比例的详图来详细表明图样内容，故装饰详图是对室内平、立、剖面图中内容的补充。

在绘制装饰详图时，应做到图形、图例、符号准确，数据详细和文字说明清晰，即要做到图例构造明确清晰、尺寸标注细致，定位轴线、索引符号、控制性标高、图示比例等也应标注准确。对图样中的用材做法、材质色彩、规格大小等可用文字标注清楚。

一套装饰施工图需要画多少详图，画哪些部位的详图，要根据设计情况和工程的大小及复杂程度而定。

4.2.2　详图的要求与内容

4.2.2.1　详图的要求

对详图总的要求是：翔实简明，表达清楚，满足施工要求。具体要求做到"三详"。

（1）图形详。图示形象要真实正确，各部分相应位置符合实际，各部件的构造连接一定要清楚切实，各构件的材料断面要用适当的图示线，大比例尺的分层构造图应层层可见。整个图像要概念清晰，令人一目了然。

（2）数据详。图样细部尺寸、构件断面尺寸、材料规格尺寸等的标注要完善；带有控制性的标高、有关定位轴线和索引符号的编号、套用图号、图示比例及其他有关数据都要标注无误。

（3）文字详。不能用图像表达，也无处标注数据的内容，如构造分层的用料和做法、材料的颜色、施工的要求和说明、套用的图集、详图名称等都要用文字说明，并要简洁明了。

4.2.2.2　详图的内容

室内装饰详图因装饰部位的不同，表示内容也不同。装饰平面局部放大图应表示出建筑平面的结构形式、门窗位置，详细标明家具、卫生设备、电气设备、摆设、绿化等布置形式、尺寸大小，并标注相关的文字说明。装饰顶面平面放大图应表示出楼板与吊顶之间的连接形式，标明顶面材料的品种、尺寸、规格、工艺等。装饰立面局部放大图应表示出房间围护结构的形式，详细标明出墙体面层装饰材料的收口、封边、尺寸、工艺以及墙面装饰物的规格、颜色、尺寸、工艺等。装饰构配件（如吊灯、吸顶灯、壁灯、暖气罩、空调通风口等）详图，应表示这些构配件的详细位置、材料名称、内部构造形式、尺寸以及与建筑构件的连接方法。

节点详图应主要标注某些构配件局部的详细尺寸、做法和施工要求，标明装饰结构与建筑结构之间详细的连接方式、装饰面层之间的连接方式及设备安装方式。

装饰详图应用索引符号清晰地标明与相关图纸的关系。装饰详图的图名通长采用详图的编号，并与被索引图上的索引符号相对应。装饰详图应有索引符号，其比例一般大于图纸中其他图样的比例，并标注详细的尺寸和文字说明。

4.2.3　详图的图示与分类

4.2.3.1　装修详图的图示内容

（1）标明装饰面和装饰造型的结构形式、饰面材料与支撑构件的相互关系。
（2）标明重要部位的装饰构件、配件的详细尺寸、工艺做法和施工要求。
（3）标明装修结构与建筑主体结构之间的连接方式及衔接尺寸。
（4）标明装修面板之间拼接方式及封边、盖缝、收口和嵌条等处理的详细尺寸和做法。
（5）标明装饰面上的设施安装方式或固定方法以及设施与装饰面的收口收边方式。

4.2.3.2　装修详图的分类

（1）墙（柱）面装修剖面图。主要用于表达室内立面的构造，着重反映墙（柱）面在分层做法、选材、色彩上的要求。
（2）顶棚详图。主要用于反映吊顶构造、做法的剖面图或断面图。
（3）装修造型详图。独立的或依附于墙柱的装饰造型，表现装饰的艺术氛围和情趣的构造体，如影视墙、花台、屏风、栏杆造型等的平、立、剖面图及线角详图。
（4）家具详图。主要指需要现场制作、加工、油漆的固定式家具，如衣柜、书柜、储藏柜等。有时也包括可移动家具，如床、书桌、展示台等。

装饰设计详图，按照装饰部位可分为墙柱面详图［图4-5（a）］、顶面详图［图4-5（b）］、楼地面详图［图4-5（c）］、门窗详图［图4-5（d）］、家具详图（图4-5（e）］、灯具详图、固定设施、设备详图以及装饰造型详图等。

4.2.4　详图的识读

无论是学生、设计师，还是工程技术人员，首先要学会读懂施工图，而施工图中最难读懂的就是大样图。在学习绘制大样图之前，先要读懂大样图，经过读图、临摹、参照，再到现场实践，最后就能熟练绘制大样图了。读图应注意的事项有：

（1）看图必须由大到小，由总体到局部，再由局部到细部。例如看建筑图时先看总平面图，再看各楼层平面图，并且要与立面图、剖面图结合起来看，最后看大样图。
（2）图纸中除了图样以外，还包括图注、图标、符号、文字说明等。单凭图样还远远不能表达清楚设计的全部内容。比如物体的尺寸，不能在图样上度量或估计，必须根据尺寸标注

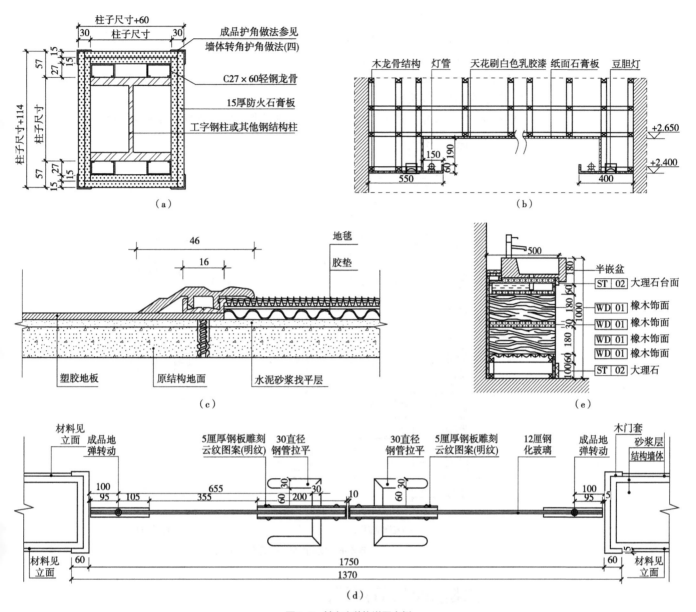

图4-5　某室内装饰详图实例

来定位、加工和安装。图注中的尺寸不详、不全是初学者常犯的通病。

（3）凡在图样上无法表示，而又直接与工程技术相关的要求都可以用文字说明表达出来。

（4）常用图例对大样图是非常重要的，设计人员必须记牢，因为这种符号已成为设计人员和施工人员的共同语言，关于通用的图例可参考《建筑设计资料集》。

（5）大样图的索引关系一定要仔细对照，一项复杂的工程图样量很大，多数详图都不在本页或本册图样中，看图时务必按照索引和编码查找大样图的位置。复杂的构造节点可能一次放大样还不能充分表达清楚，还要再次放大，这时的大样图就有了层次关系，索引关系务必要弄清，避免张冠李戴。

4.2.5　详图的绘制

第一步：选比例、定图幅。

第二步：绘制出墙柱面的结构轮廓。

第三步：绘制出门套、门窗等装饰形体轮廓。

第四步：绘制出各部位的构造层次及材料图例。

第五步：检查并加深、加粗图线。凡是剖切到的建筑结构和材料的断面轮廓线均以粗实线绘制，其余的用细实线绘制。

第六步：标注尺寸、做法和工艺说明、图名和比例，完成作图，如图4-6所示。

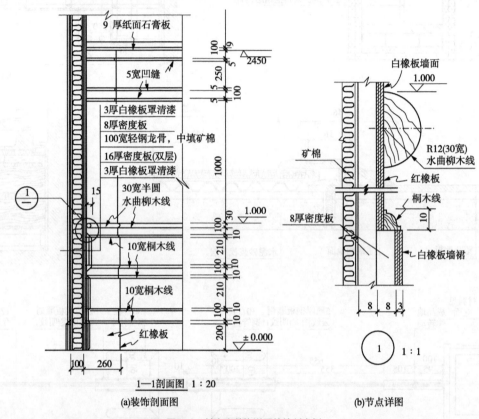

(a)装饰剖面图   (b)节点详图

图4-6　某室内装饰详图的绘制实例

4.3　顶棚剖面与节点详图

顶棚是构成室内主要的三大界面之一，在室内设计中占据十分重要的位置。顶棚是屋顶下或楼板层外表面的装饰构件，称为吊顶或天花板。顶棚的装修主要是为了满足人们对室内空间的使用需求，以及对空间所拥有的环境气氛、人文因素等，在心理、生理和精神方面得到满足。因此，室内吊顶是室内装饰处理的重要部位，通过对室内吊顶的处理，可以表现出空间的形状，获得不同的空间感觉，同时可以延伸和扩大空间，给人们的视觉起导向作用。此外，室内吊顶具有保温、隔热、隔声和吸音的作用。

4.3.1　顶棚装饰的设计要求

（1）空间舒适性。综合考虑室内空间的真实高度与功能，应合理地设置吊顶高度，选择恰当的材料，合理的色彩搭配，以满足人的生理及心理需求。

（2）防火阻燃性。顶棚上有些设备会散热，可能会造成火灾，故顶棚首先应选用防火材料或采取防火措施，且阻燃性能和耐火极限应满足防火规范要求；木质装修要注意刷防火涂料或阻燃材料。

（3）建筑物理。顶棚的装修设计和构造应充分考虑对室内光、声、热等环境的综合改善，以营造一个绿色、健康、舒适的室内空间环境。

（4）环保与安全性。由于顶棚位于室内空间的上部，且灯具、通风口、扩音系统是顶棚装修的有机组成部分，有时需上人检修，所以顶棚的装修构造应保证安全、牢固和稳定。同时，装饰材料在选用上还应该满足无毒害、无环境污染的"绿色"环保要求，不能对人体健康与环境造成危害。

（5）卫生条件。顶棚与墙面不同，由于其受清洗条件的限制，在进行顶棚的构造设计时，需注意避免大面积的积尘而造成难以清理的情况。

（6）自重轻、干作业、经济性。在进行顶棚设计时，要在满足安全稳固的基础上，降低顶棚自重，以减小其脱落的可能；同时还应经济合理。

4.3.2　直接式格栅顶棚构造

直接式格栅顶棚是指不使用吊筋，在楼板底直接固定格栅。其基本构造做法是将木龙骨（起找平作用）用膨胀螺栓或射钉固定在结构层上，栅断面为30mm×（40～50）mm的方木，间距500～600mm双向布置，如图4-7所示。

4.3.3　悬吊式顶棚构造

4.3.3.1　木龙骨胶合板吊顶

木龙骨胶合板吊顶，是使用较早的一种顶棚装饰装修形式，一般由吊杆、主龙骨、次龙骨及胶合板四部分组成（图4-8）。

（1）吊点的设置与固定。普通平面顶棚的吊点按每平方米1个均匀布置；叠级造型的吊顶，在高低错落的交界处布置吊点，吊点间距0.8～0.9m；较大的灯具及其他较重的吊挂设施，必须单独设置吊点进行悬吊。吊点与结构的固定方法采用膨胀螺栓、射钉等紧固件固定，膨胀螺栓或射钉固定数量不少于两个，如图4-9所示。

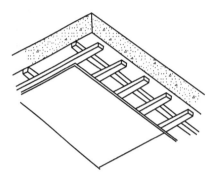

图4-7　直接式格栅轴测图

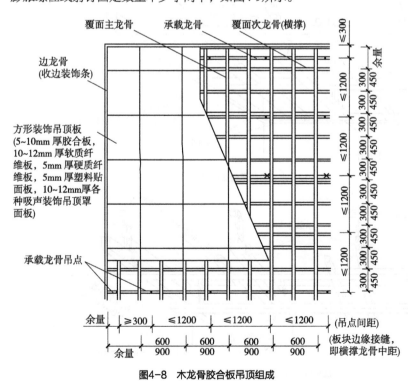

图4-8　木龙骨胶合板吊顶组成

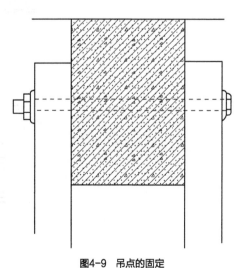

图4-9　吊点的固定

（2）吊杆的选择。木吊杆截面一般选用50mm×50mm或40mm×40mm，角铁一般选择30mm×30mm，如图4-10所示。

（3）木龙骨的选择。一般按主龙骨50mm×70mm或50mm×100mm，次龙骨50mm×50mm或40mm×（40～60）mm。其中，主龙骨间距一般为600～1000mm，次龙骨间距依次龙骨截面尺寸和面板规格而定，一般为400～600mm，龙骨的连接方式为槽口拼接，如图4-11所示。

（4）木龙骨吊顶的构造方式分为单层骨架构造和双层骨架构造，如图4-12、图4-13所示。

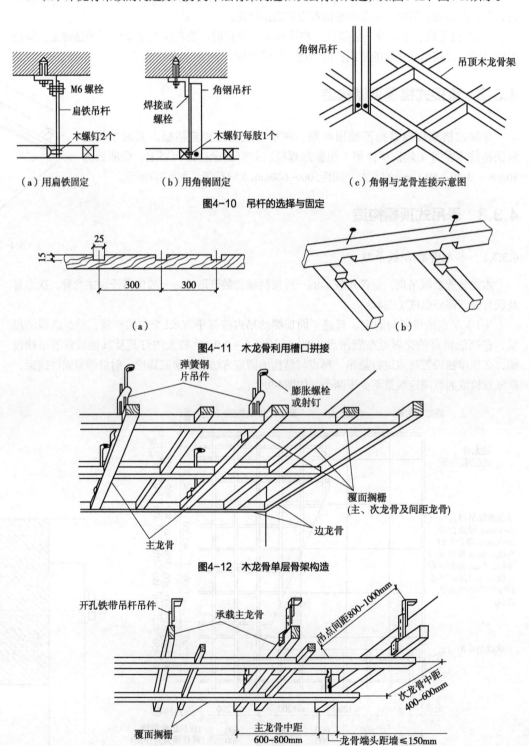

（a）用扁铁固定　　　　（b）用角钢固定　　　　（c）角钢与龙骨连接示意图

图4-10　吊杆的选择与固定

（a）　　　　　　　　　　　　　　　（b）

图4-11　木龙骨利用槽口拼接

图4-12　木龙骨单层骨架构造

图4-13　木龙骨双层骨架构造

4.3.3.2　轻钢龙骨纸面石膏板吊顶

（1）UCL轻钢龙骨纸面石膏板吊顶。

吊点的固定：一般采用膨胀螺栓或射钉枪固定铁件，吊杆与铁件通过焊接连接。

吊杆的设置：可选用$\phi6$或$\phi8$钢筋。有主龙骨的吊杆间距为1000～1200mm，无主龙骨的吊杆间距为800～1000mm。主龙骨端部距离第一个吊点不超过300mm。

龙骨的布置：固定纸面石膏板的次龙骨间距一般不应大于600mm，在南方或潮湿的地区，间距以300mm为宜，如图4-14、图4-15所示。

面板安装：一般采用9mm厚的纸面石膏板，沿纵向次龙骨铺设。自攻螺钉与板边10～15mm为宜，钉距150～170mm为宜。

面板拼缝处理：面板与面板拼缝处应采用端头打坡，刮涂腻子嵌缝，并贴穿孔纸带，如图4-16所示。

（2）V型轻钢龙骨纸面石膏板吊顶。V型龙骨又叫V型卡式龙骨吊顶，V型龙骨构造工艺简单，安装便捷。主龙骨与主龙骨、次龙骨与次龙骨、主龙骨与次龙骨均采用自接式连接方式，无需任何多余附接件。此外V型卡式龙骨吊顶的最大优点是在装配龙骨架的同时就可进行校平并安装纸面石膏板。因而节省施工时间，提高了工作效率（图4-17）。

4.3.3.3　轻钢龙骨矿棉吸音板吊顶

如图4-18、图4-19为UTL组合，图4-20为UHL组合。矿棉板根据其边口构造形式，有直接平放法（明架龙骨）、企口嵌装法（暗架龙骨或半暗架龙骨）、粘贴法三种形式（图4-21～图4-22）。

4.3.3.4　轻钢龙骨铝合金装饰板吊顶

铝合金条形装饰板吊顶如图4-24所示，铝合金方形装饰板吊顶如图4-25所示。

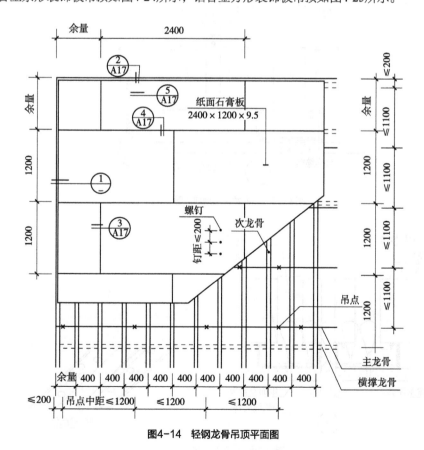

图4-14　轻钢龙骨吊顶平面图

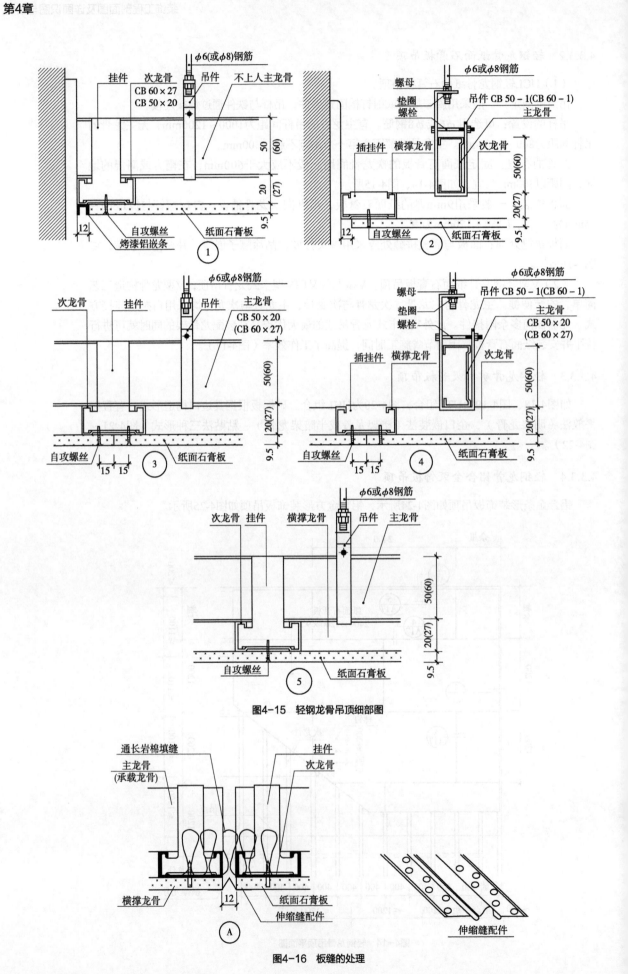

图4-15 轻钢龙骨吊顶细部图

图4-16 板缝的处理

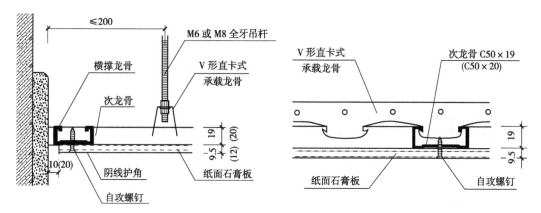

图4-17　V型轻钢龙骨纸面石膏板吊顶

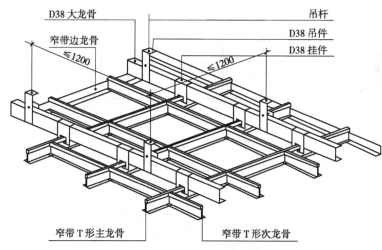

图4-18　UTL型铝合金龙骨吊顶

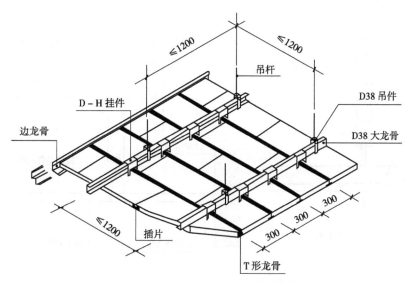

图4-19　暗架矿棉板UTL型龙骨吊顶透视图

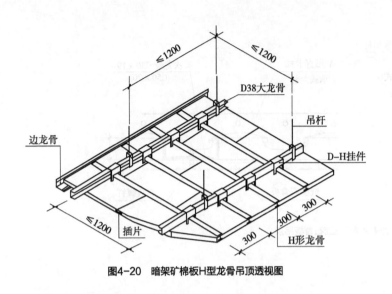

图4-20 暗架矿棉板H型龙骨吊顶透视图

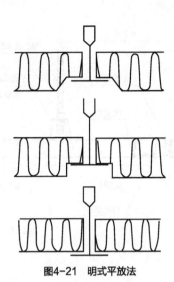

图4-21 明式平放法

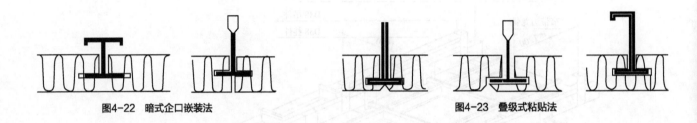

图4-22 暗式企口嵌装法   图4-23 叠级式粘贴法

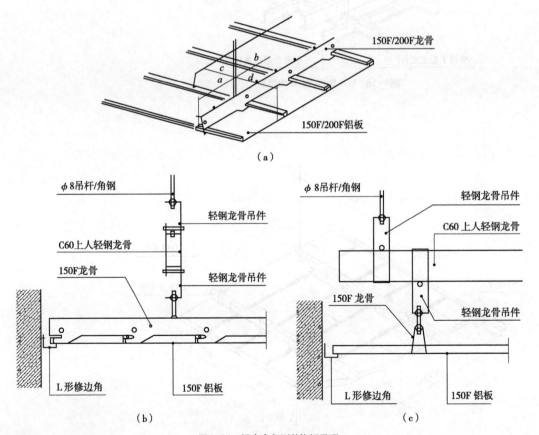

（a）

（b）   （c）

图4-24 铝合金条形装饰板吊顶

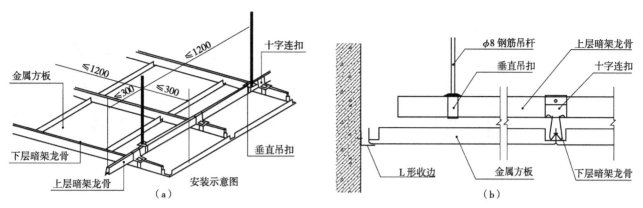

图4-25　铝合金方形装饰板吊顶

4.3.3.5　顶棚特殊部位的装饰构造

（1）收口处理。顶棚边缘与墙体固定因吊顶形式不同而异，通常采用在墙内预埋铁件或螺栓、预埋木砖、射钉连接、龙骨端部伸入墙体等构造方法。端部造型处理有凹角、直角、斜角等形式（图4-26～图4-28）。

（2）高低交接构造处理。叠级顶棚的高低交接构造处理主要是高低交接处的构造处理和顶棚的整体刚度。其作用是限定空间、丰富造型，设置音响、照明等设备，构造做法为附加龙骨、龙骨搭接、龙骨悬挑等，如图4-29所示。

（3）设备与顶棚的连接构造。

①顶棚与通风口的构造：吊顶罩面层上设置的通风口、回风口，其外形有方形、长方形、圆形、矩形等，多为固定或活动格栅状，构造方法如图4-30所示。

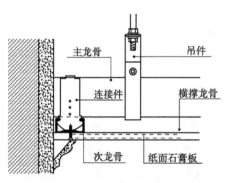

（a）吊顶阴角处理（垂直主龙骨）1

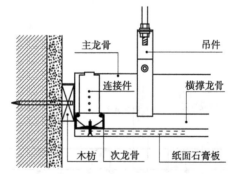

（b）吊顶阴角处理（垂直主龙骨）2

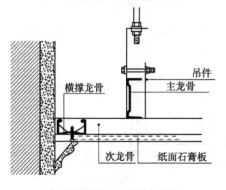

（c）吊顶阴角处理（平行主龙骨）1

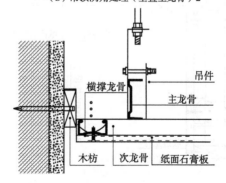

（d）吊顶阴角处理（平行主龙骨）2

图4-26　轻钢龙骨收口构造

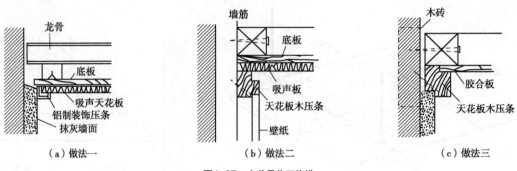

图4-27　木龙骨收口构造

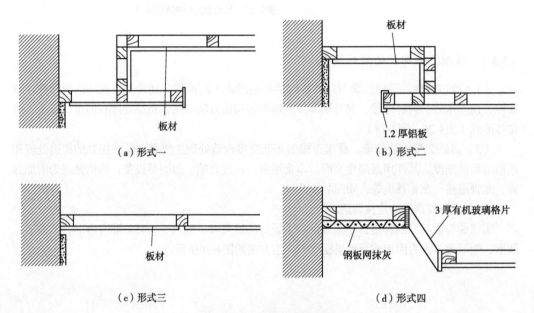

图4-28　木龙骨墙体交接构造

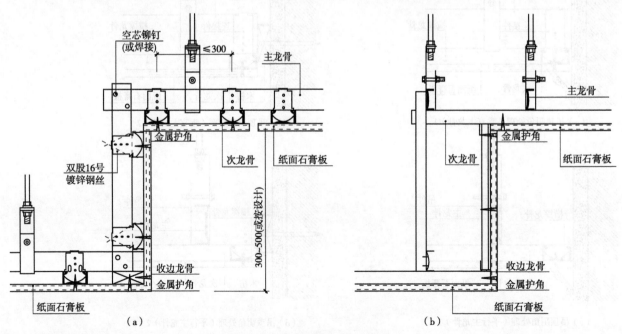

图4-29　轻钢龙骨高低交接构造处理

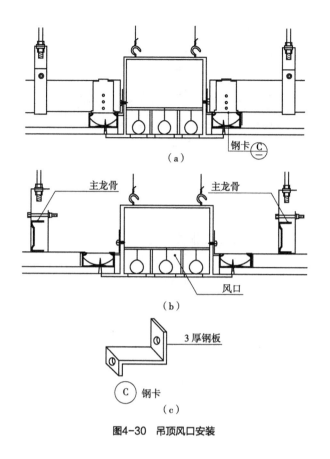

图4-30　吊顶风口安装

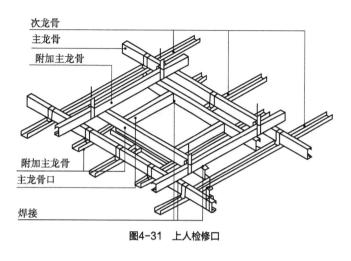

图4-31　上人检修口

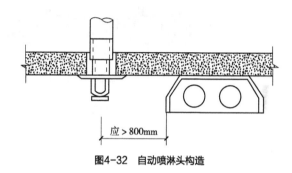

图4-32　自动喷淋头构造

②顶棚与检修口的构造：一般将检修口设置在顶棚不明显部位，尺寸不宜过大。洞口内壁应用龙骨支撑，增加其面板的强度，如图4-31所示。

③顶棚与消防设备的构造：自动喷淋头和烟感器必须安装在吊顶平面上。自动喷淋头必须通过吊顶平面与自动喷淋系统的水管相接，喷淋头周围不能有遮挡物（图4-32）。

4.3.3.6　灯与顶棚的连接构造

吊灯安装：吊灯分大型和小型吊灯，小型吊灯可直接安装于龙骨和罩面层上，大型吊灯因体积、质量大，须悬吊在结构层上，如楼板、梁应单独在吊顶内部设置吊杆。

吸顶类安装：装饰装修中最常见的一种构造形式，它的样式、造型、规格、尺寸多种多样。按安装方式分为明装和暗装两种，如图4-33所示。

暗藏式反射灯槽构造：暗藏式反射灯槽是顶棚造型时形成的一种独特构造形式。一般在双层或多层吊顶的各层周边或顶棚与墙面相交处做暗藏灯槽，并将灯具放置在暗槽内，如图4-34所示。

4.3.3.7　天棚与窗帘盒的装饰线构造

明窗帘盒：将窗帘轨道直接固定在楼底板或墙体上，利用纸面石膏板、细木工板或胶合板来遮挡窗帘轨，使轨道隐藏其中。挡板高可根据室内空间大小及高差而定，一般为200～300mm。挡板与墙面的宽度可根据窗轨及窗帘层数的多少来确定，一般单轨为100～150mm，双轨为200～300mm，如图4-35所示。

暗窗帘盒：利用吊顶时自然形成的暗槽，槽口下端就是顶棚的表面，如图4-36所示。

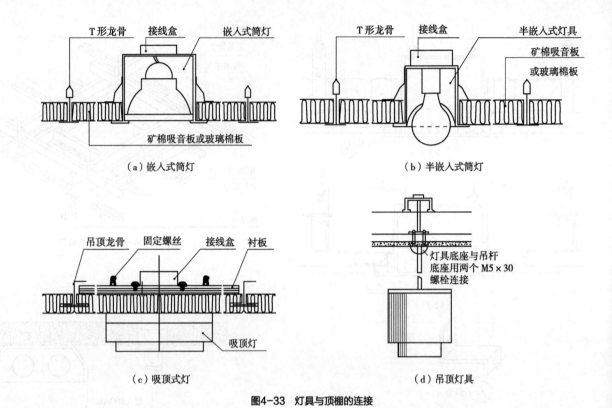

图4-33　灯具与顶棚的连接

图4-34　灯槽构造

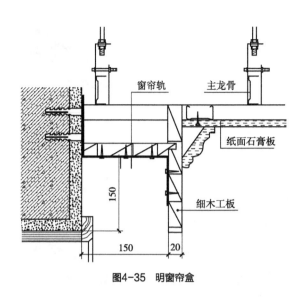

图4-35　明窗帘盒

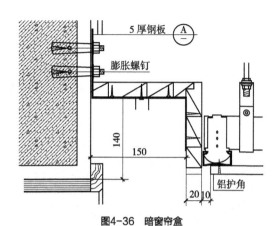

图4-36　暗窗帘盒

4.3.4　开敞式顶棚构造

4.3.4.1　木结构单体构件

单板方框式：通常利用宽度为120~200mm，厚度为9~15mm的木胶合板拼接而成，板条之间采用凹槽插接。凹槽深度为板条宽度的一半，板条插接前应在槽口处涂刷白乳胶（图4-37）。

骨架单板方框式：先用方木框骨架片，然后将按设计要求加工成的厚木胶合板与木骨架固定（图4-38）。

单条板式：用实木或厚木胶合板加工成木条板，并在上面按设计要求开出方孔或长方孔，然后用木材加工成的条板或者是轻钢龙骨作为支承条板的龙骨穿入条板孔洞内，并加以固定（图4-39）。

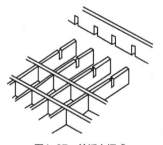

图4-37　单板方框式

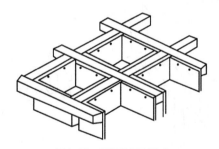

图4-38　骨架单板方框式

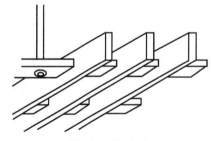

图4-39　单条板式

4.3.4.2　金属结构单体构件

铝格栅：通常用0.5~0.8mm厚的铝薄板加工而成，常见规格（单位：mm）：90×90×60、125×125×60、158×158×60、90×1260×60、126×1260×60、126×630×60等，如图4-40所示。

花片型：采用1mm厚度的金属板，以其不同形状及组成的图案分为不同系列，如图4-41所示。

垂帘式金属条板：采用铝合金条板（条形格片）在特制的龙骨上利用龙骨的卡脚竖向吊挂，称为垂帘式金属条板吊顶或金属格片吊顶，如图4-42所示。

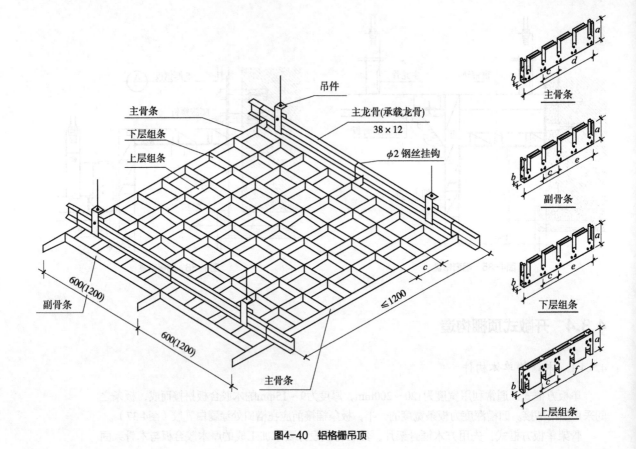

图4-40　铝格栅吊顶

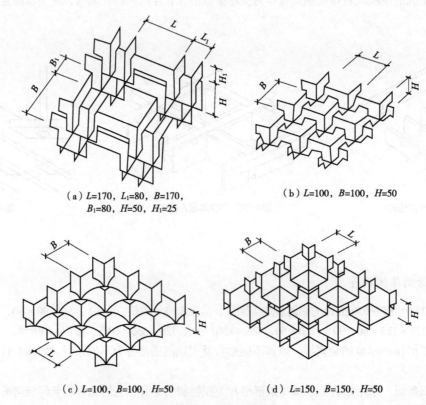

（a）L=170，L₁=80，B=170，
B₁=80，H=50，H₁=25

（b）L=100，B=100，H=50

（c）L=100，B=100，H=50

（d）L=150，B=150，H=50

图4-41　花片式吊顶

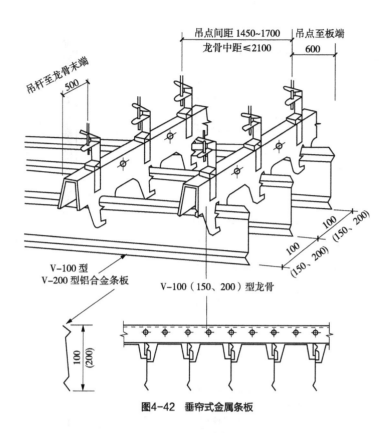

图4-42　垂帘式金属条板

吊点间距 1450~1700　吊点至板端
龙骨中距 ≤2100　600

吊杆至龙骨末端
500

V-100 型
V-200 型铝合金条板

V-100（150、200）型龙骨

100
（200）

100　（150、200）
100　（150、200）

4.4　墙（柱）面剖面图与节点详图

墙面是空间围合的垂直组成部分，也是建筑空间内部具体的限定要素，其作用是可以划分出完全不同的空间领域。墙面装饰不仅要兼顾装饰室内空间、保护墙体、维护室内物理环境，还应保证各种不同的使用条件得以实现。而更重要的是它把建筑空间各界面有机地结合在一起，起到了渲染、烘托室内气氛，增添文化、艺术气息的作用，从而产生各种不同的空间视觉效果。

4.4.1　抹灰类墙柱面装饰构造

墙面抹灰一般是由底层抹灰、中间抹灰和面层抹灰三部分组成，如图4-43所示。

基层
底层
中间层
面层

图4-43　抹灰构造示意图

4.4.2　涂刷类墙柱面装饰构造

涂刷类饰面的涂层构造，一般可分为三层，即底层、中间层和面层（图4-44、图4-45）。

4.4.3　贴面类墙柱面装饰构造

4.4.3.1　陶瓷类墙面

瓷砖饰面构造做法是：先在基层用1∶3水泥砂浆打底，厚度为10~15mm，分两次抹平；黏结砂浆用1∶0.1∶2.5水泥石灰膏混合砂浆，厚度为5~8mm；黏结砂浆也可用掺5%~7%的108胶的水泥素浆，厚度为2~3mm，如图4-46所示。

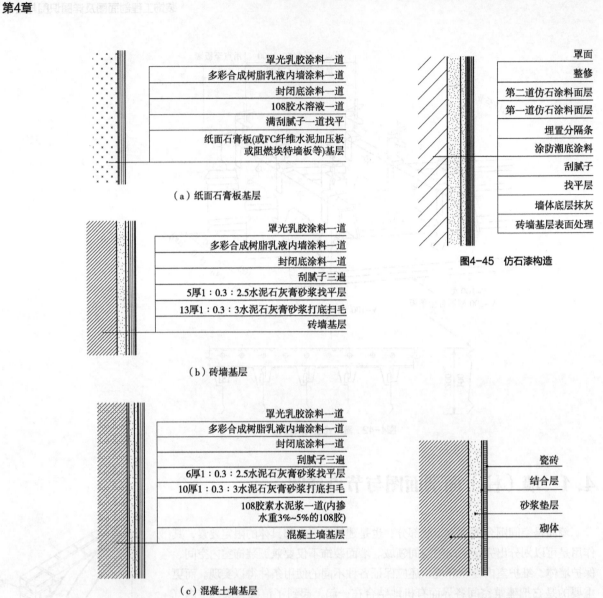

（a）纸面石膏板基层

罩光乳胶涂料一道
多彩合成树脂乳液内墙涂料一道
封闭底涂料一道
108胶水溶液一道
满刮腻子一道找平
纸面石膏板(或FC纤维水泥加压板
或阻燃埃特墙板等)基层

罩面
整修
第二道仿石涂料面层
第一道仿石涂料面层
埋置分隔条
涂防潮底涂料
刮腻子
找平层
墙体底层抹灰
砖墙基层表面处理

图4-45　仿石漆构造

罩光乳胶涂料一道
多彩合成树脂乳液内墙涂料一道
封闭底涂料一道
刮腻子三遍
5厚1：0.3：2.5水泥石灰膏砂浆找平层
13厚1：0.3：3水泥石灰膏砂浆打底扫毛
砖墙基层

（b）砖墙基层

罩光乳胶涂料一道
多彩合成树脂乳液内墙涂料一道
封闭底涂料一道
刮腻子三遍
6厚1：0.3：2.5水泥石灰膏砂浆找平层
10厚1：0.3：3水泥石灰膏砂浆打底扫毛
108胶素水泥浆一道(内掺
水重3%~5%的108胶)
混凝土墙基层

瓷砖
结合层
砂浆垫层
砌体

图4-46　瓷砖构造

（c）混凝土墙基层

图4-44　乳胶漆构造

　　瓷砖的排砖方式有齐密缝；划块留缝，块内密缝；齐离缝；水平离缝，垂直密缝；错缝离缝；垂直离缝，水平密缝等，如图4-47所示。

　　瓷砖的阴阳角处理，如图4-48所示。

4.4.3.2　陶瓷锦砖饰面构造

　　陶瓷锦砖饰面构造做法是：在清理好基层的基础上，用15mm厚1：3的水泥砂浆打底；黏结层用3mm厚，配合比为纸筋：石灰膏：水泥=1：1：8的水泥浆，或采用掺加水泥量5%~10%的108胶或聚乙酸乙烯乳胶的水泥浆（图4-49）。

4.4.3.3　石材类墙面

　　（1）钢筋网挂贴法。首先提凿出在结构中预留的钢筋头或预埋铁环钩，绑扎或焊接与板材相应尺寸的一个直径6mm或8mm的钢筋网，钢筋网中横筋必须与饰面板材的连接孔位置一致，钢筋网必须与基层预置的金属膨胀螺栓焊牢。然后按施工要求在板材侧面打孔洞，以便不锈钢挂钩或穿绑铜丝与墙面预埋钢筋骨架固定，石材与墙面之间的距离一般为30~50mm，如图4-50所示。

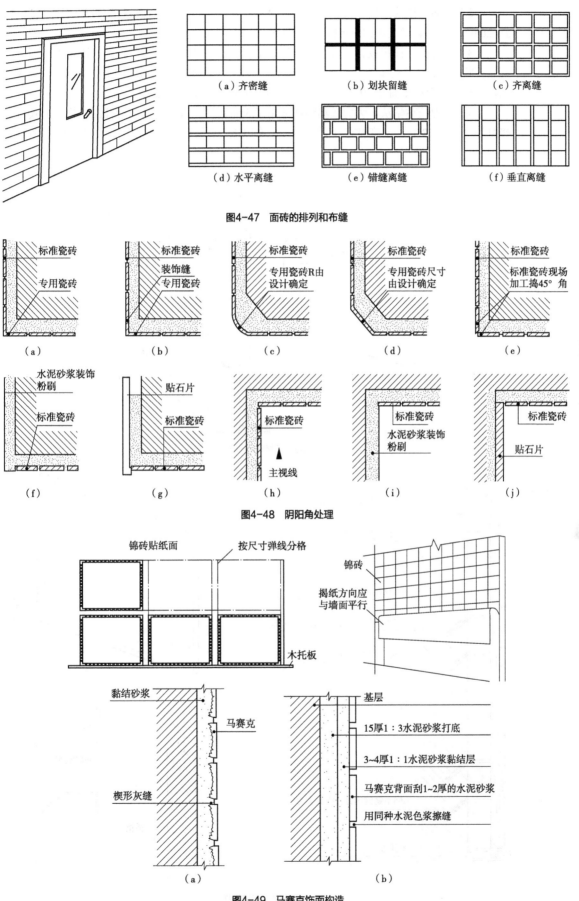

（a）齐密缝　（b）划块留缝　（c）齐离缝

（d）水平离缝　（e）错缝离缝　（f）垂直离缝

图4-47　面砖的排列和布缝

图4-48　阴阳角处理

图4-49　马赛克饰面构造

（2）钢筋钩挂法（楔固法）。根据板材尺寸在墙面钻斜孔，在板材上沿和侧边开槽，用直径6mm不锈钢斜脚直角钩固定板，如图4-51所示。

（3）干挂法。按照设计要求在墙体基面上用电锤或者冲击钻进行打孔，固定不锈钢膨胀螺栓；将不锈钢干挂件安装固定在膨胀螺栓上；在板材背面干挂件对应位置上剔槽。石材板材固定完毕后，板材正面间的缝隙应用密封胶进行密封处理（图4-52）。

（4）大力胶粘帖法。大力胶粘帖法适用于天然石材、人造石材的墙柱面，构造形式有直接粘贴（图4-53）、过度粘贴（图4-54）、钢架粘贴（图4-55）三种，缝隙处理如图4-56所示。

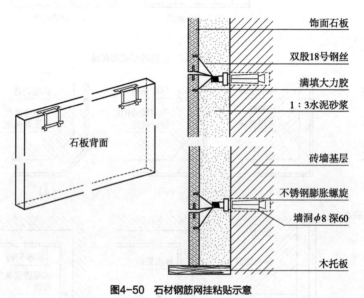

图4-50　石材钢筋网挂粘贴示意

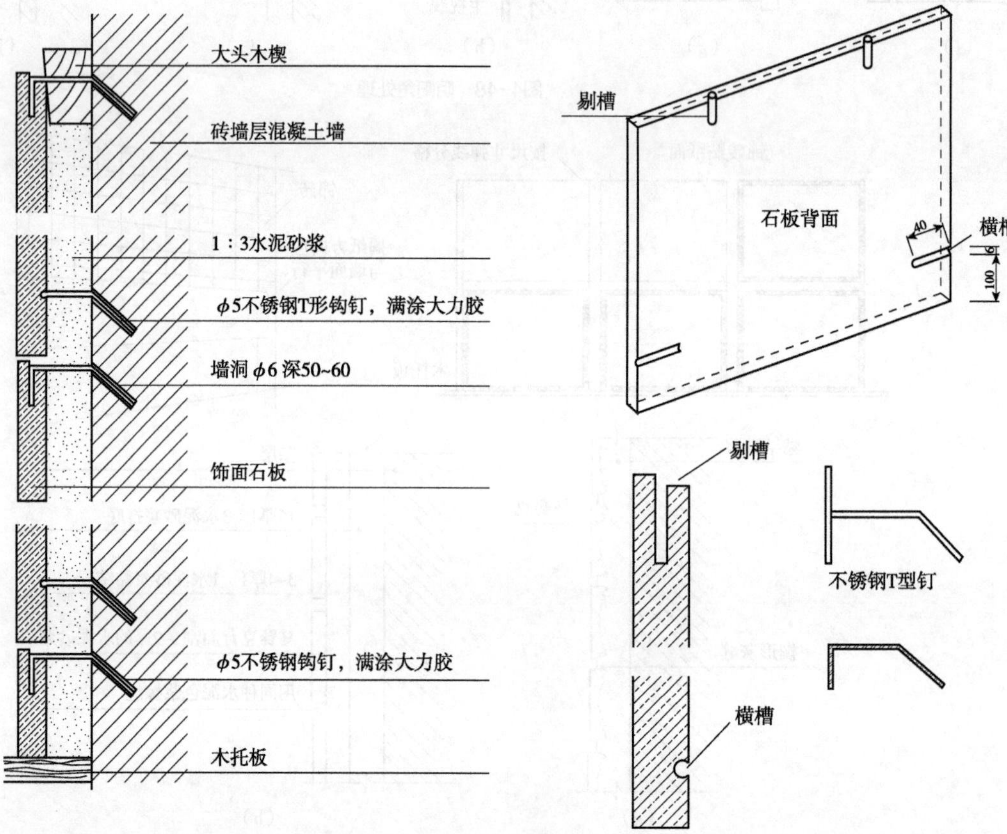

图4-51　钢筋钩挂法

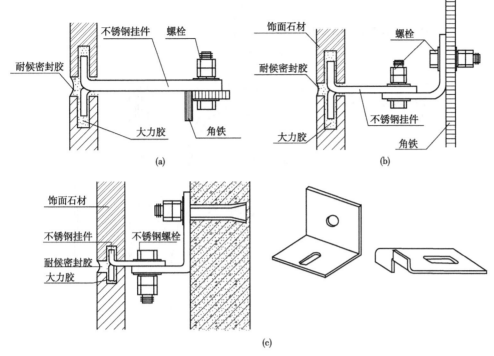

图4-52 干挂法

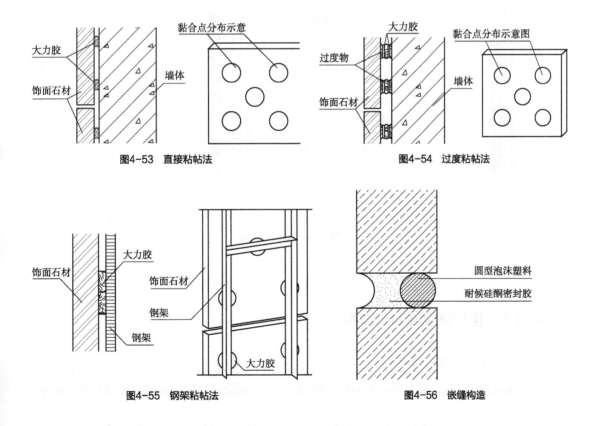

图4-53 直接粘帖法

图4-54 过度粘帖法

图4-55 钢架粘帖法

图4-56 嵌缝构造

4.4.4 裱糊类墙柱面装饰构造

各种壁纸均应粘贴在具有一定强度、平整光洁的基层上，如水泥砂浆、混合砂浆、混凝土墙体、石膏板等。其不同基层构造形式，如图4-57、图4-58所示。

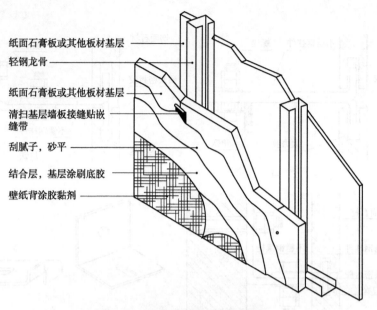

纸面石膏板或其他板材基层

轻钢龙骨

纸面石膏板或其他板材基层

清扫基层墙板接缝贴嵌缝带

刮腻子，砂平

结合层，基层涂刷底胶

壁纸背涂胶黏剂

图4-57　轻钢龙骨隔墙裱糊墙纸轴侧图

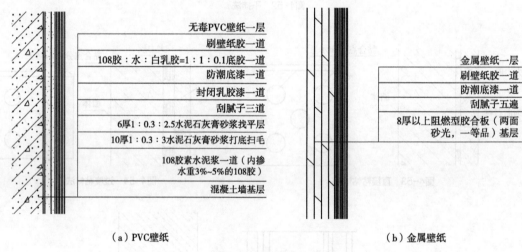

无毒PVC壁纸一层

刷壁纸胶一道

108胶：水：白乳胶=1：1：0.1底胶一道

防潮底漆一道

封闭乳胶漆一道

刮腻子三道

6厚1：0.3：2.5水泥石灰膏砂浆找平层

10厚1：0.3：3水泥石灰膏砂浆打底扫毛

108胶素水泥浆一道（内掺水重3%~5%的108胶）

混凝土墙基层

金属壁纸一层

刷壁纸胶一道

防潮底漆一道

刮腻子五遍

8厚以上阻燃型胶合板（两面砂光，一等品）基层

（a）PVC壁纸　　　　　　　　　　　　　　　　　（b）金属壁纸

图4-58　裱糊墙纸构造

4.4.5　镶板类墙柱面装饰构造

4.4.5.1　木制护壁的基本构造

　　木制护壁的组成层次为木质骨架、装饰基层板、饰面板。其构造形式，如图4-59、图4-60所示。

　　板与板的拼接构造分为平缝、高低缝、压条、密缝、离缝等方式，如图4-61所示。

　　踢脚板构造主要有外凹凸式与内凹凸式两种方式。当护墙板与墙之间距离较大时，一般宜采用内凹式处理，踢脚板与地面之间宜平接（图4-62）。

　　护墙板与顶棚交接处的收口以及木墙裙的上端，一般宜做压顶或压条处理（图4-63）。

　　阴角和阳角的拐角可采用对接、斜口对接、企口对接、填块等方法，如图4-64所示。

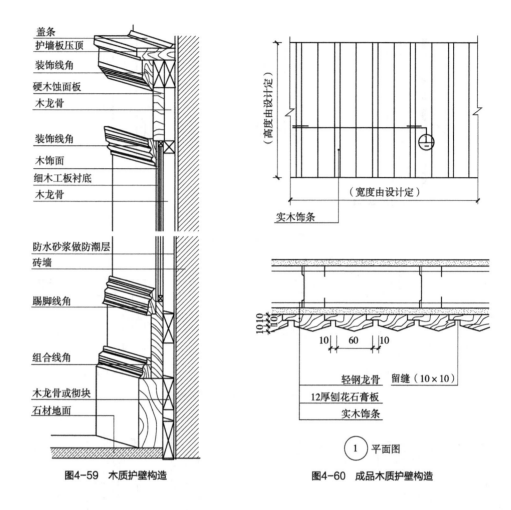

图4-59　木质护壁构造

图4-60　成品木质护壁构造

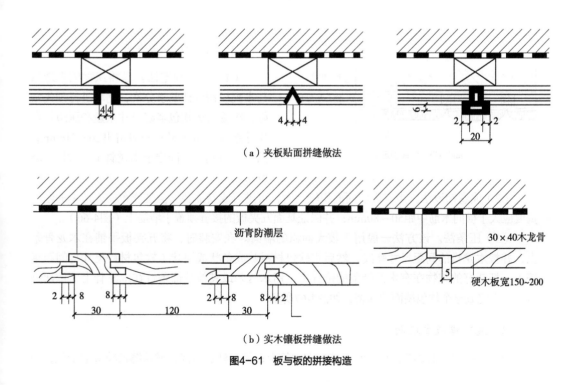

（a）夹板贴面拼缝做法

（b）实木镶板拼缝做法

图4-61　板与板的拼接构造

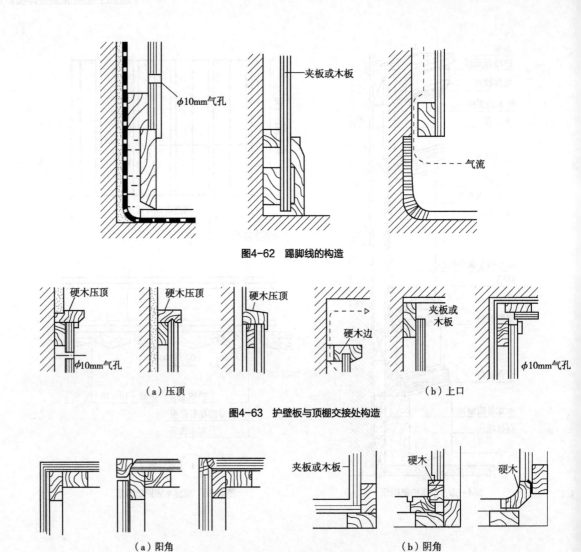

图4-62　踢脚线的构造

（a）压顶　　　　　　　　　　　　　　　（b）上口

图4-63　护壁板与顶棚交接处构造

（a）阳角　　　　　　　　　　　　　　　（b）阴角

图4-64　拐角构造

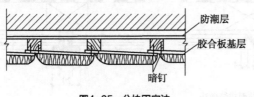

图4-65　分块固定法

4.4.5.2　软包装饰类墙面

（1）分块固定法。是将织物或人造革与木夹板按设计要求分格，划块进行预先裁好，织物留出软包隆起尺寸余量和压边包裹尺寸余量，压边尺寸一般留出20～30mm。然后，将其一并固定于木龙骨上，如图4-65所示。

（2）成卷铺设法。当室内墙面面积较大时，可进行成卷铺装。但装饰布或人造革的幅面宽度应大于横向木筋中距50～80mm；并保证基面五夹板的接缝须置于墙筋上（图4-66）。

（3）压条法。该方法一般用于较大面积的墙面。在安装时，将五夹板平铺在木龙骨条上，并按木龙骨的间距尺寸弹线，然后将软包材料裁成条状或块状（软包材料尺寸与间距相符）。把裁好的织物在有木龙骨条的位置上，用木压条或其他装饰条钉在木龙骨上。依次钉压，直至完成整个软包墙面的铺装，如图4-67所示。

4.4.5.3　玻璃镶板类墙面

一种是在玻璃上钻孔，用螺钉直接钉在木筋上；另一种是用嵌钉或盖缝条将玻璃卡住，盖

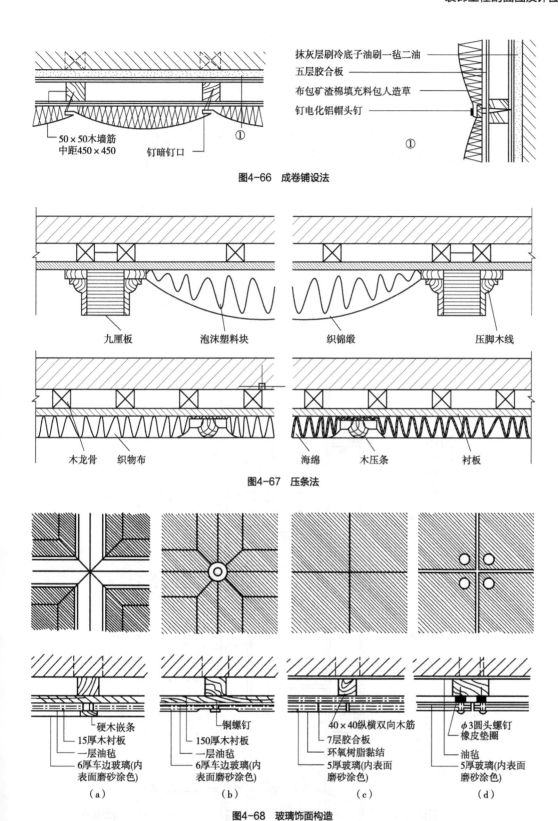

抹灰层刷冷底子油刷一毡二油
五层胶合板
布包矿渣棉填充料包人造草
钉电化铝帽头钉

①

50×50木墙筋
中距450×450
钉暗钉口

图4-66　成卷铺设法

九厘板　　　泡沫塑料块　　　织锦缎　　　压脚木线

木龙骨　织物布　　　海绵　木压条　　　衬板

图4-67　压条法

硬木嵌条
15厚木衬板
一层油毡
6厚车边玻璃(内
表面磨砂涂色)

铜螺钉
150厚木衬板
一层油毡
6厚车边玻璃(内
表面磨砂涂色)

40×40纵横双向木筋
7层胶合板
环氧树脂黏结
5厚玻璃(内表面
磨砂涂色)

φ3圆头螺钉
橡皮垫圈
油毡
5厚玻璃(内表面
磨砂涂色)

（a）　　　　　（b）　　　　　（c）　　　　　（d）

图4-68　玻璃饰面构造

缝条可选用硬木、塑料、金属（如不锈钢、铜、铝合金）等材料，如图4-68所示。

4.4.5.4　金属镶板类墙面

铝板或铝塑板饰面的构造层次包括内部骨架（钢制骨架）、装饰基层板、面层，如图4-69~图4-72所示。

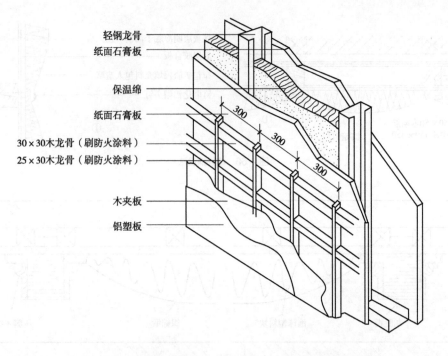

轻钢龙骨
纸面石膏板

保温绵

纸面石膏板
30×30木龙骨（刷防火涂料）
25×30木龙骨（刷防火涂料）

木夹板
铝塑板

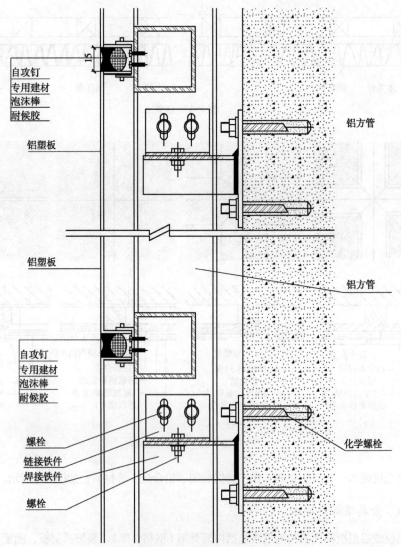

自攻钉
专用建材
泡沫棒
耐候胶

铝塑板

铝塑板

自攻钉
专用建材
泡沫棒
耐候胶

螺栓
链接铁件
焊接铁件

螺栓

铝方管

铝方管

化学螺栓

图4-69　铝塑板装饰构造图

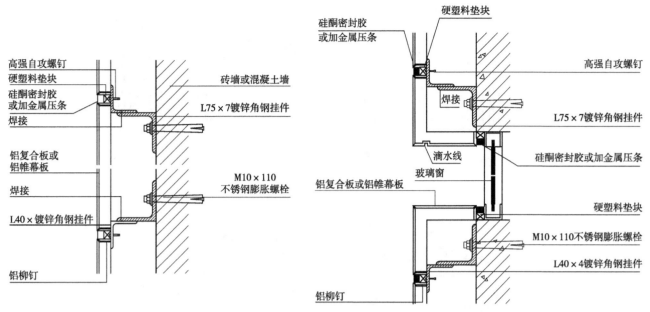

图4-70　铝塑板装饰节点图

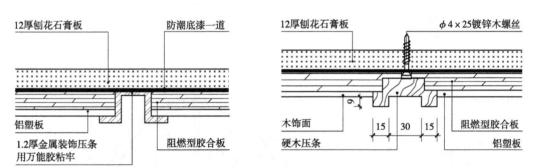

图4-71　铝塑板接缝

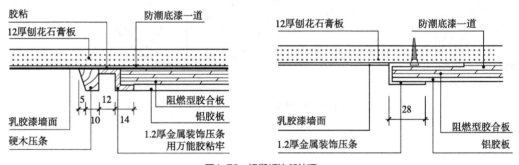

图4-72　铝塑板边部处理

4.4.6　柱体装饰构造

（1）直接粘贴。直接粘贴法是在柱面的表面进行基层处理后，直接进行饰面装饰，如图4-73所示。

（2）木骨架。木骨架适用于将原有柱加大或改变柱体形状，木龙骨架通常采用截面尺寸为30mm×40mm、25mm×30mm的松木方连接成框体，主要用于木质装饰板饰面、铝合金装饰板饰面、不锈钢板饰面以及PVC板饰面等，构造如图4-74所示。

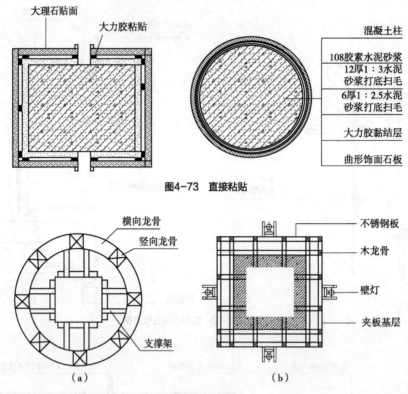

图4-73 直接粘贴

（a） （b）

图4-74 木骨架

（a）方柱 （b）方改圆柱

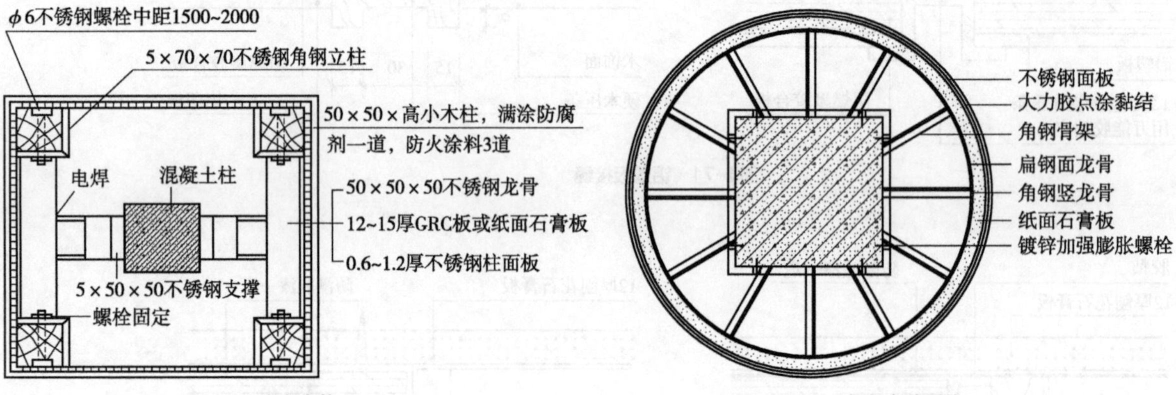

图4-75 钢骨架

（3）钢骨架。钢龙骨的制作、安装与木龙骨基本相同，所不同的是：竖向龙骨是用角钢，横向龙骨对于方柱体也采用角钢；对于圆柱体采用用扁铁，扁铁是用模具弯圆。横竖龙骨用焊接方法连接，但焊点与焊缝不得在柱体框架的外表面，否则将影响柱体表面安装的平整性。钢骨架主要用于铝合金装饰饰面板、石材饰面板的安装（图4-75、图4-76）。

（4）钢木混合骨架。为了便于安装与进行饰面，混合结构的柱体常用厚木夹板做基面。其安装方式有两种：一种是直接钉在混合结构的木方上；一种时直接用螺栓安装在角钢上（图4-77）。

（5）不锈钢饰面收口处理。不锈钢包圆柱体时通常是由2～3个曲面围合而成，缝隙的结合形式有直接卡口式、嵌槽压口式、钉接式（图4-78）。

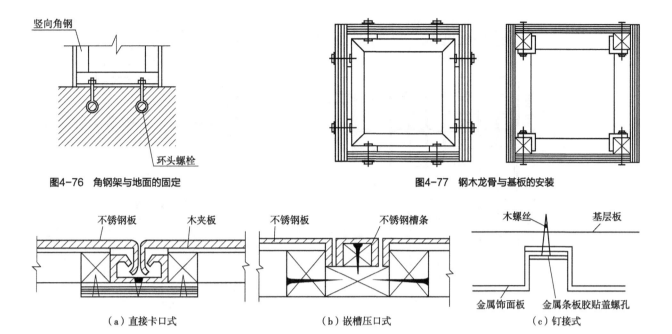

图4-76　角钢架与地面的固定

图4-77　钢木龙骨与基板的安装

（a）直接卡口式　　　　　　（b）嵌槽压口式　　　　　　（c）钉接式

图4-78　不锈钢板收口处理结构

4.5　隔断剖面图与节点详图

　　隔断的种类很多，从限定程度上划分，有空透隔断和隔墙式隔断；从固定方式上划分，有固定式隔断和移动式隔断；从隔断开闭方式考虑，移动隔断又有折叠式、直滑式、拼装式等多种；如果从材料角度划分，则有金属隔断、竹木隔断、玻璃隔断等多种。另外，还有诸如硬质隔断与软质隔断、家具式隔断与屏风式隔断等。

4.5.1　玻璃砖隔墙

　　玻璃砖的四周侧面设有凹槽，用以灌注黏结砂浆和穿入增强钢筋。不采取增强措施的室内空心玻璃砖隔断墙尺寸，应符合规定。当隔断墙的尺寸超过规定时，应采用 $\phi6$ 或 $\phi8$ 的钢筋增强。当只有隔断墙体的高度超过规定时，应在垂直方向上每两层空心玻璃砖水平设置1根钢筋；当只有隔断墙体的长度超过规定时，应在水平方向上每3个缝至少设置1根钢筋。

　　空心玻璃砖隔墙的基本构造，基本上可分为砌筑和胶筑两种做法。前者施工烦琐，后者施工较为简便。砌筑做法是将空心砖用1∶1白水泥石英彩砂浆（白砂或彩砂），并借加固钢筋砌筑成空心玻璃隔墙的一种构造做法。空心玻璃砖隔墙外框封口、收边，通常采用不锈钢、钛金板或硬木脚线，硬木饰边（图4-79）。胶筑做法是将空心玻璃砖用大力胶加石英彩砂调匀成胶砂浆（胶砂配合比按设计要求），黏结砌筑成空心玻璃砖隔墙（或隔断）的一种新型构造做法，其基本构造如图4-80所示。

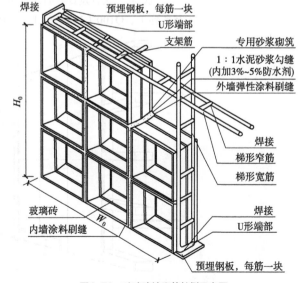

图4-79　玻璃砖墙砌筑轴侧示意图

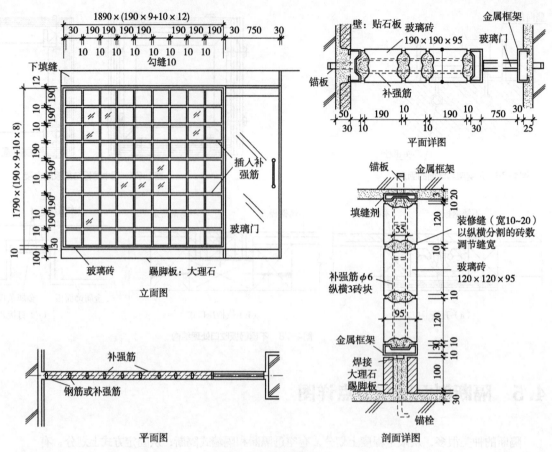

图4-80　玻璃砖墙胶筑法

4.5.2　立筋式隔墙

4.5.2.1　木龙骨隔墙

木龙骨隔断墙的木龙骨由上槛、下槛、主柱（墙筋）和斜撑组成，如图4-81所示。

4.5.2.2　轻钢龙骨隔墙

根据C型竖龙骨及U型横龙骨宽度尺寸（A尺寸）的不同，主要分为Q50（50系列）、Q75（75系列）、Q100（100系列）、Q150（150系列）。

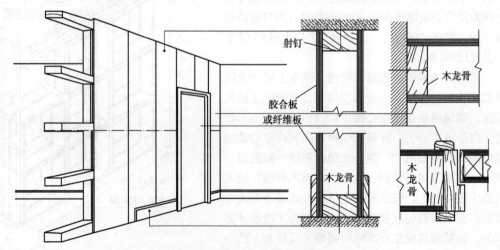

图4-81　木龙骨结构示意图

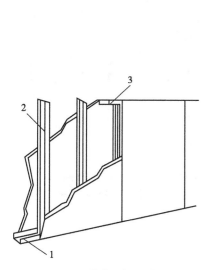

图4-82 隔墙龙骨布置示意图1

1—沿地龙骨；2—竖龙骨；3—沿顶龙骨

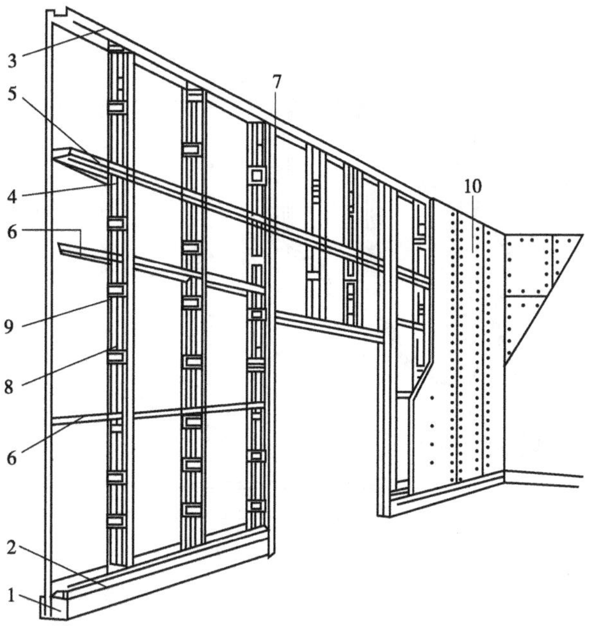

图4-83 隔墙龙骨布置示意图2

1—混凝土踢脚座；2—沿地龙骨；3—沿顶龙骨；4—竖龙骨；5—横撑龙骨；6—通贯横撑龙骨；7—加强龙骨；8—贯通孔；9—支撑卡；10—石膏板

轻钢龙骨骨架由沿顶龙骨、沿地龙骨、竖向龙骨、横撑龙骨及加强龙骨和各种配件组成，如图4-82、图4-83所示。

4.5.2.3 安装构造节点

（1）龙骨与结构的连接节点、龙骨与龙骨的连接节点、隔墙与隔墙连接节点，如图4-84所示。

（2）龙骨与板材的连接点，如图4-85、图4-86所示。

（a）横龙骨与竖向龙骨连接　（b）通贯龙骨相互连接　（c）龙骨与墙连接

（d）通贯龙骨与竖向龙骨连接　（e）竖龙骨与横龙骨连接　（f）加强龙骨与地面连接

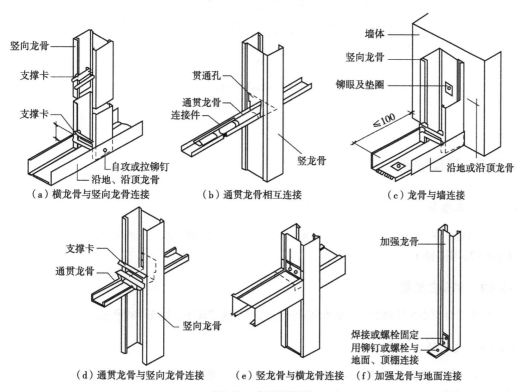

图4-84 龙骨连接构造

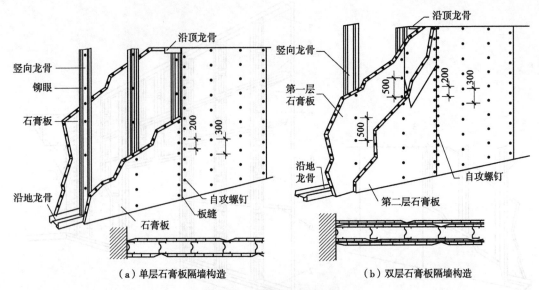

图4-85　纸面石膏板隔墙构造

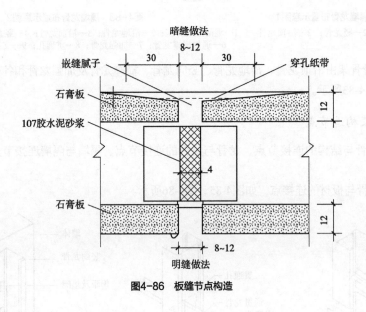

图4-86　板缝节点构造

4.5.3　玻璃隔断

4.5.3.1　木框架

用木框安装玻璃时，在木框上要裁口或挖槽，其上镶玻璃，玻璃四周常用木压条固定（图4-87、图4-88）。

4.5.3.2　铝合金框架

用铝合金框安装玻璃时，玻璃嵌压后应用橡胶带固定玻璃，如图4-89所示。

4.5.3.3　玻璃肋式

全玻璃隔断的大片玻璃与玻璃框架在层高较低时，玻璃安装在下部的镶嵌槽内，上部镶嵌槽槽底与玻璃之间留有伸缩的空隙（图4-90）。

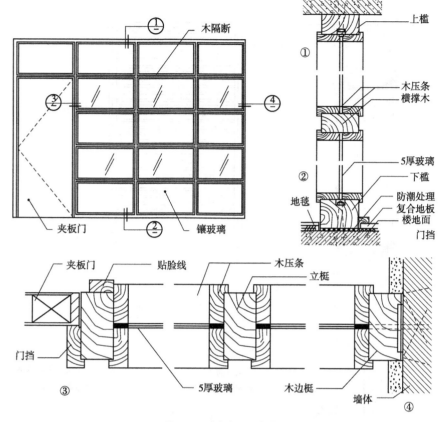

图4-87　木框架隔断构造1

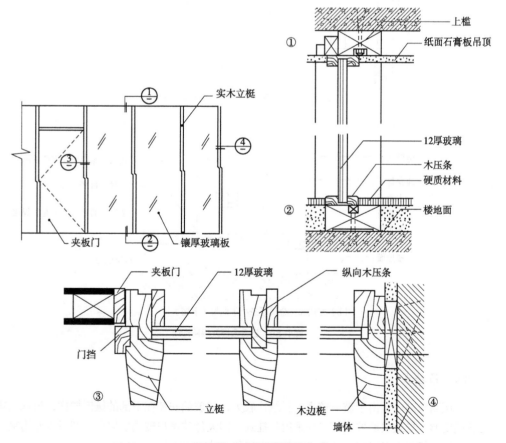

图4-88　木框架隔断构造2

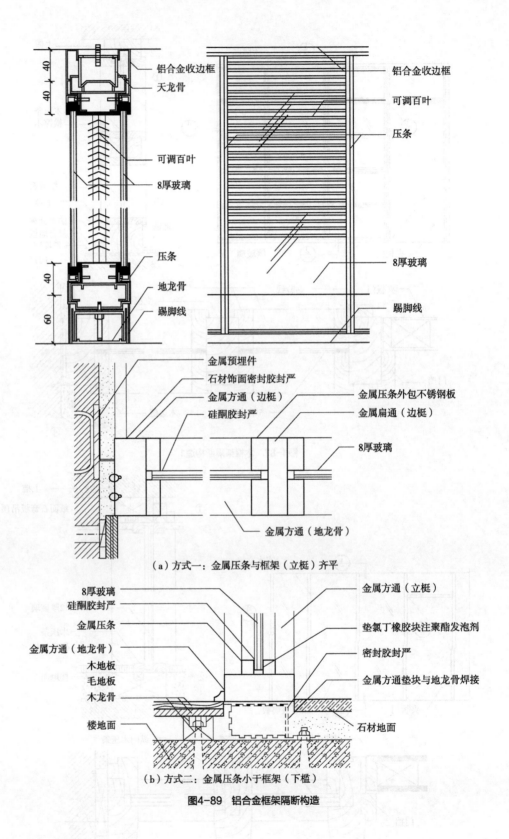

（a）方式一：金属压条与框架（立梃）齐平

（b）方式二：金属压条小于框架（下槛）

图4-89　铝合金框架隔断构造

4.5.3.4　吊挂式

当层高较高时，由于玻璃较高、长细比较大，如玻璃安装在下部的镶嵌槽内，玻璃自重会使玻璃变形，导致玻璃被破坏，须采用吊挂式。即大片玻璃与玻璃框架在上部设置专用夹具，将玻璃吊挂起来，下部镶嵌槽槽底与玻璃之间留有伸缩的空隙（图4-91）。

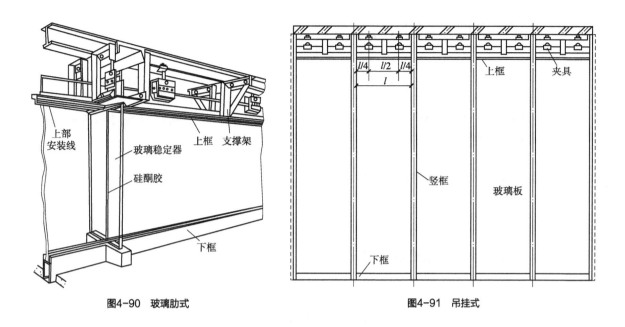

图4-90 玻璃肋式

图4-91 吊挂式

4.5.4 木花格

竹木花格格调清新，玲珑剔透，与传统图案相结合形成具有浓郁的民族或地方特色，多用于室内的隔断和隔墙，如图4-92所示。

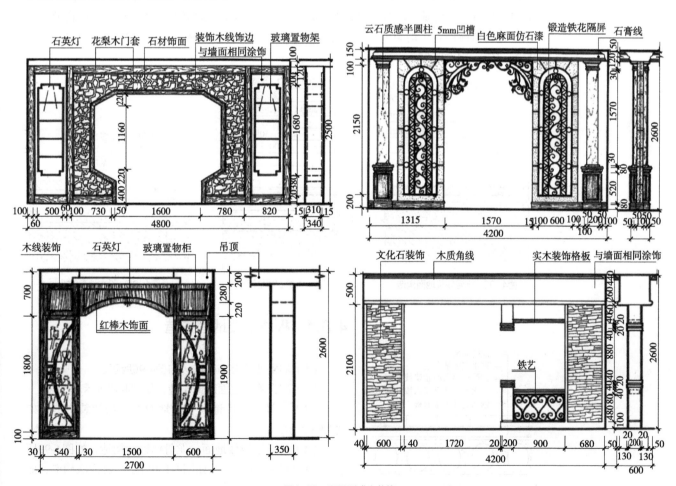

图4-92 不同形式木花格

4.6 地面剖面图与节点详图

建筑的室内楼地面是建筑物的底层地面和楼层地面的总称，它直接承受荷载，经常受到摩擦、清洗，是使用最频繁，与人接触最直接的部分。因此，楼地面装饰设计是室内装饰中重要的组成部分，它除了要符合使用功能的要求外，还必须考虑人们在精神上的追求和享受，满足视觉、触觉要求。

4.6.1 水泥砂浆地面构造

水泥砂浆地面的构造，如图4-93所示。

4.6.2 水磨石楼地面构造

水磨石地面的构造包括找平层和面层，找平层是面层与基层之间的过渡层。通常情况下，面层厚度较石碴粒径大1~2mm为宜，如图4-94所示。

4.6.3 涂布楼地面构造

涂布楼地面是指油漆地面和水泥自流平地面。在涂布前，先对基层进行处理，如为光滑基层，建议做凿毛或拉毛处理。推荐使用EC-1表面处理剂，使用时按EC-1：水：水泥：细砂=1：1：1：1的比例搅拌均匀，涂刷或喷涂在基面上即可。表面不黏手时，即可进行自流平施工。将涂料搅拌后，均匀铺开，用专用齿口刮板控制厚度，施工厚度≥3mm，一次施工厚度3~30mm（图4-95）。

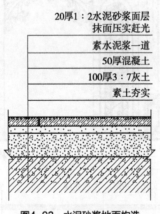

图4-93 水泥砂浆地面构造

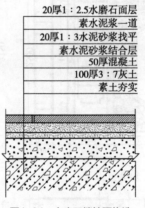

图4-94 水磨石楼地面构造

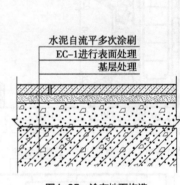

图4-95 涂布地面构造

4.6.4 板块式楼地面构造

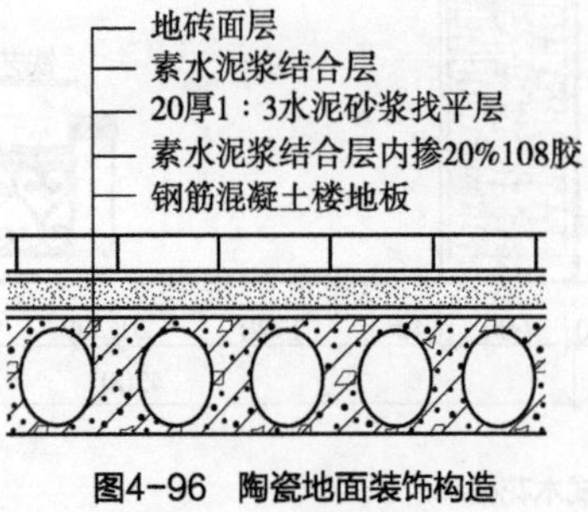

（1）陶瓷地砖装饰构造，如图4-96所示。

（2）陶瓷锦砖地面装饰构造，如图4-97所示。

（3）石材地面构造：石材地面的干法铺装构造，如图4-98所示。

（4）木质地板楼地面：龙骨铺设法构造，如图4-99所示；毛地板垫底法构造，如图4-100所示；悬浮法构造，如图4-101所示。

图4-96 陶瓷地面装饰构造

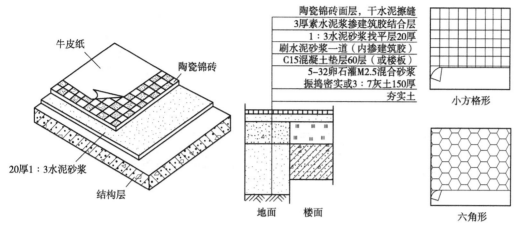

牛皮纸

陶瓷锦砖

20厚1：3水泥砂浆

结构层

陶瓷锦砖面层，干水泥擦缝
3厚素水泥浆掺建筑胶结合层
1：3水泥砂浆找平层20厚
刷水泥砂浆一道（内掺建筑胶）
C15混凝土垫层60层（或楼板）
5-32卵石灌M2.5混合砂浆
振捣密实或3：7灰土150厚
夯实土

地面　　楼面

小方格形

六角形

图4-97　陶瓷锦砖地面构造

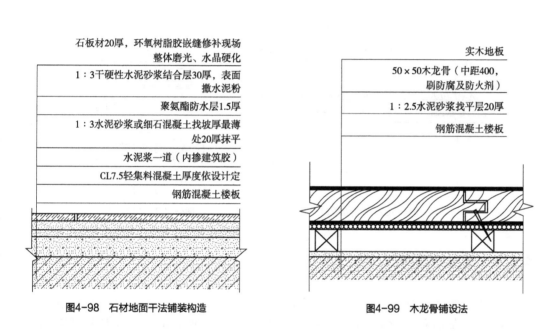

石板材20厚，环氧树脂胶嵌缝修补现场
整体磨光、水晶硬化
1：3干硬性水泥砂浆结合层30厚，表面
撒水泥粉
聚氨酯防水层1.5厚
1：3水泥砂浆或细石混凝土找坡厚最薄
处20厚抹平
水泥浆一道（内掺建筑胶）
CL7.5轻集料混凝土厚度依设计定
钢筋混凝土楼板

图4-98　石材地面干法铺装构造

实木地板
50×50木龙骨（中距400，
刷防腐及防火剂）
1：2.5水泥砂浆找平层20厚
钢筋混凝土楼板

图4-99　木龙骨铺设法

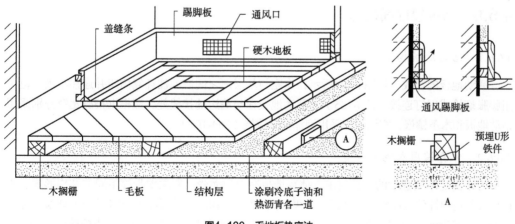

盖缝条

踢脚板　　通风口

硬木地板

木搁栅　　毛板　　结构层　　涂刷冷底子油和
热沥青各一道

通风踢脚板

木搁栅　　预埋U形
铁件

A

图4-100　毛地板垫底法

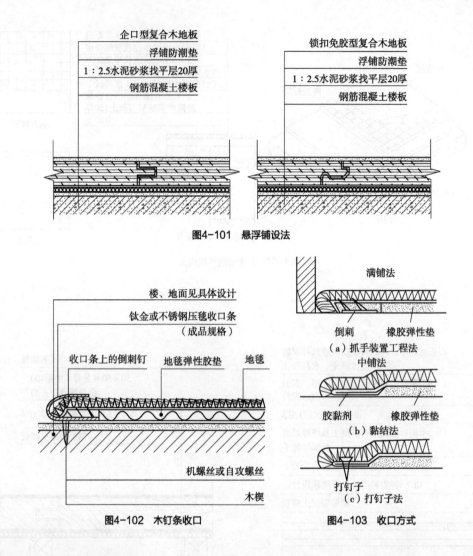

图4-101　悬浮铺设法

图4-102　木钉条收口

图4-103　收口方式

4.6.5　地毯地面构造

木卡条沿地面周边和柱脚的四周嵌钉，板上小钉倾角向墙面，板与墙面留有适当空隙，便于地毯掩边，在混凝土、水泥地面上固定，采用钢钉，钉距宜300mm左右。如地毯面积较大，宜用双排木卡条，便于地毯张紧和固定（图4-102）。地毯铺设后在墙和柱的根部不同材质地面相接处、门口等地毯边缘应做收口固定处理（图4-103）。

4.6.6　特种楼地面构造

4.6.6.1　活动地板构造

活动地板的组成，如图4-104所示；支座与基层面之间应灌注环氧树脂并连接牢固，也可用膨胀螺栓或射钉连接（图4-105）。活动地板在与墙边的接缝处，应根据接缝宽窄分别采用活动地板和木条镶嵌，窄缝隙宜采用泡沫塑料镶嵌（图4-106）。

4.6.6.2　体育馆用木地板构造

为了满足不同程度的竞技要求，体育地板有单层龙骨、双层龙骨等不同的结构形式。不同层级间用弹性胶垫连接，起到缓冲效果。其中橡皮垫块用得最多，橡皮垫块及木垫块尺寸为100mm×100mm，厚度分别为7mm和30mm，采用这种橡皮垫块时应将三块重叠使用，垫块中距约1200mm，其上再架设木格栅。其他还有成型橡皮垫块、钢弓、木工等。

结构1：面板＋毛地板＋龙骨＋弹性胶垫＋龙骨＋弹性胶垫。满足竞赛用体育木地板结构形式（图4-107）。

结构2：面板＋毛地板＋弹性胶垫＋龙骨＋弹性胶垫。满足训练、教学用体育木地板结构形式（图4-108）。

结构3：面板＋毛地板＋弹性胶垫。简易体育木地板，如图4-109所示。

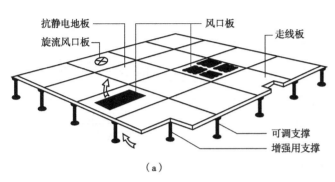
（a）

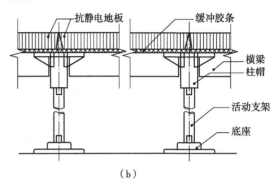
（b）

图4-104　活动夹层地板组成

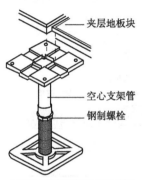

1.用于小面积房间的典型支架
2.从基层到装修地板面的高度可在50mm范围内调节
3.有重量限制
4.可连接电器插座

（a）拆装式支架

1.无龙骨，每块板直接固定在支撑盘上
2.用于普通荷载的办公室
3.用于非电子计算机房的其他房间

（b）固定式支架

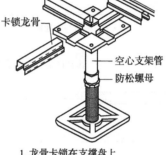

1.龙骨卡锁在支撑盘上
2.使用这种格栅便于地板块的任意拆装

（c）卡锁格栅式支架

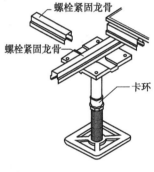

1.1830mm的主龙骨跨在支撑盘上用螺栓直接固定
2.用于陈放重量较大设备的房间

（d）刚性龙骨支架

图4-105　活动地板的支架

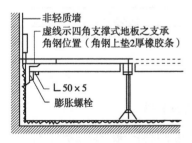
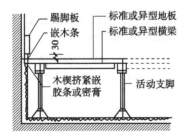
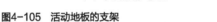

图4-106　活动地板与墙的连接

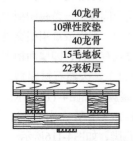

图4-107　竞赛用体育木地板构造

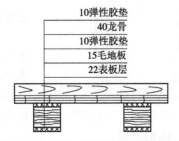

图4-108　训练、教学用体育木地板构造

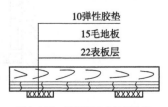

图4-109　简易体育木地板构造

4.6.7 特殊部位的装饰构造

4.6.7.1 交接处理构造

不同材质楼地面之间的交接处，应采用坚固材料做边缘构件，如硬木、铜条、铝条等做过渡交接处理，避免产生起翘或不齐现象，常见不同材质地面交接处理构造如图4-110所示。

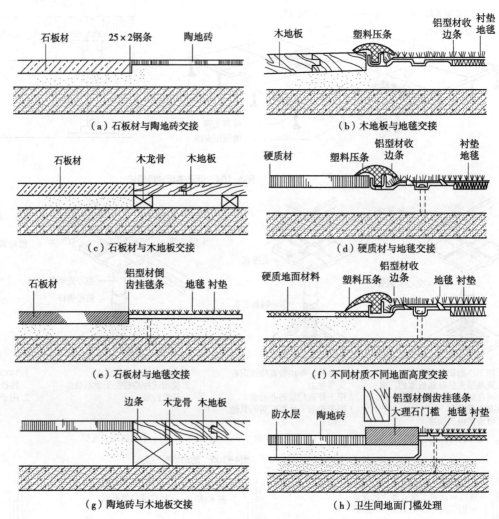

（a）石板材与陶地砖交接

（b）木地板与地毯交接

（c）石板材与木地板交接

（d）硬质材与地毯交接

（e）石板材与地毯交接

（f）不同材质不同地面高度交接

（g）陶地砖与木地板交接

（h）卫生间地面门槛处理

图4-110 交接处理构造

4.6.7.2 踢脚板构造

踢脚板所用的材料一般与地面所用材料一致，其高度一般为100～150mm。踢脚板的构造处理，主要解决两个问题：一是踢脚板的固定；二是踢脚板与地面、墙面或墙裙相交处的艺术处理。其构造方式有三种，即墙面相平、凸出及凹进（图4-111）。天然石材踢脚，如图4-112所示。瓷砖踢脚，如图4-113所示。玻化砖踢脚，如图4-114所示。木踢脚，如图4-115所示。PVC踢脚，如图4-116所示。

（a）相平   （b）凸出   （c）凹进

图4-111 踢脚板的形式

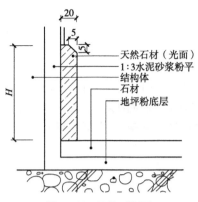
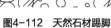

图4-112　天然石材踢脚

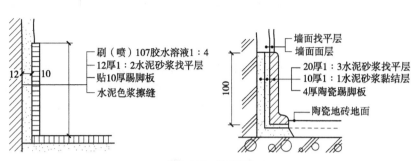

图4-113　瓷砖踢脚

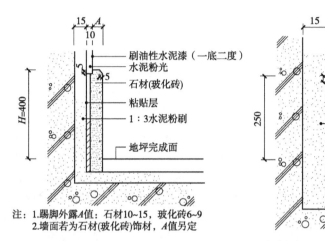

注：1.踢脚外露A值：石材10~15，玻化砖6~9
　　2.墙面若为石材(玻化砖)饰材，A值另定

图4-114　玻化砖踢脚

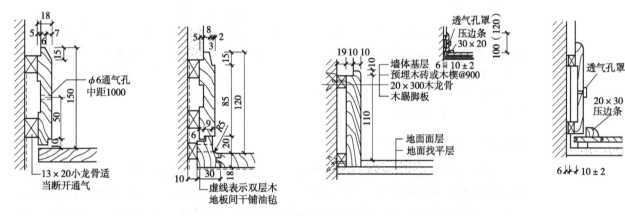

图4-115　木踢脚

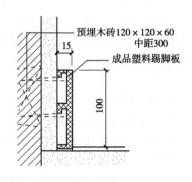
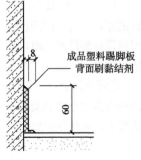
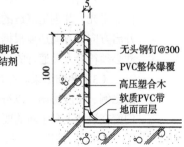

图4-116　PVC踢脚

4.7　门窗、楼梯剖面图与节点详图

门窗是建造在墙体上连通室内与室外的开口部位的重要构件，门是指安装在建筑物出入口的可开关的构件，最大的功能是组织交通；窗是建筑物上可通风、采光的装置，最直接的功能是采光和通风。楼梯是建筑内部空间的垂直交通设施，具有强烈的引导性，起着联系上下楼层空间和人流紧急疏散的作用。同时，楼梯作为空间结构的重要元素，以其特殊的造型、体量、丰富的材料、多变的结构形式和装饰手法，起到了装饰空间的效果。

4.7.1　门窗的尺度与设计要求

4.7.1.1　门窗尺度

门窗洞口尺寸是指洞口的标志尺寸。一般情况下这个标志尺寸应为门窗的构造尺寸与缝隙尺寸之和。构造尺寸是门窗生产制作的设计尺寸，它的尺寸应小于洞口的标志尺寸。缝隙+尺寸是为门窗安装时的需要及胀缩变化而设置的，而且根据洞口饰面的不同而不同，一般在15～50mm范围内。

（1）门的尺度。普通民用建筑门由于进出人流较小，一般多为单扇门，其高度为2000～2200mm；宽度为900～1000mm；居室厨房、卫生间门的宽度可小些，一般为700～800mm。公共建筑门有单扇门、双扇门以及多扇门之分，单扇门宽度一般为950～1100mm，双扇门宽度一般为1200～1800mm，高度为2100～2300mm。多扇门是指由多个单扇门组合成三扇以上的特殊场所专用门（如大型商场、礼堂、影剧院、博物馆等），其宽度可达2100～3600mm，高度为2400～3000mm，门上部可加设亮子，也可不加设亮子，亮子高度一般为300～600mm。

（2）窗的尺度。窗的尺度一般由采光、通风、结构形式和建筑立面造型等因素决定，同时应符合建筑模数制要求，我国的窗洞口尺寸以300mm为基本模数。

普通民用建筑窗，常以双扇平开或双扇推拉的方式出现。其尺寸一般每扇高度为800～1500mm，宽度为400～600mm，腰头上的气窗及上下悬窗高度为300～600mm，中悬窗高度不宜大于1200mm，宽度不宜大于1000mm，推拉窗和折叠窗宽度均不宜大于1500mm。公共建筑的窗可以是单个的，也可用多个平开窗、推拉窗或折叠窗组合而成。组合窗必须加中梃，起支撑加固、增强刚性的作用。

4.7.1.2　门窗的设计要求

（1）安全要求。门窗在设计安装时，应充分考虑到影响安全的因素，包括：推拉门应有防脱轨的措施；双面弹簧门应在可视高度部分装透明玻璃；旋转门、电动门和大型门的临近应另设普通门；高层建筑应采用推拉窗，如采用外开窗，则须有牢固窗扇的措施；开向疏散门走道及楼梯间的门扇在开启时，不应影响走道及楼梯平台的疏散宽度。

（2）使用要求。在常规功能要求下，窗的设计要考虑采光面积，以使建筑物得到充分的自然采光，并创造舒适的室内环境。门的设计首先要满足人的进出，门的数量、位置、大小及开启方向等方面还要根据设计规范和人流数量来考虑，以便能通行流畅，符合安全的要求，尺寸必须符合人员通行的正常要求。

（3）装饰效果。在建筑立面上，门窗的尺寸会与建筑的体量产生自然对比，要做到两者的比例、尺度协调，以符合人的心理感受和视觉感受。现代高层建筑，垂直界面体量加大，使门窗在设计上有了新的要求，设计时应将门窗的尺度加大，使其与建筑本体尺度和谐。

（4）防护措施。在一般的住宅室内中，对门窗的设计要求包括分户门应向室内开启，并应在构造上采取防护措施，各门洞口的尺寸应符合《建筑模数协调统一标准》规定。面临走廊的窗户应避免视线干扰，向走廊开启的窗扇不应妨碍交通。底层外窗、面临走廊的窗户，若窗台高度低于1.2m，应采取防护措施。外窗窗台低于0.8m时，应采取防护措施，但窗外有阳台的不受此限制。

4.7.2　木门窗构造

常见的木门为有框木门、无框木门、夹板门、实木复合门等，如图4-117～图4-120所示。木窗的构造较为常见的为欧式木窗（图4-121）和中式木窗（图4-122）。

4.7.3　全玻璃门构造

4.7.3.1　厚玻璃装饰门

厚玻璃装饰门又称无框玻璃门，是用厚玻璃板做门扇，仅设置上下冒头及连接门轴，而不设置边框。玻璃一般为12mm的厚质平板白玻璃、雕花玻璃及彩印图案玻璃等，具体厚度视门扇的尺寸而定；上下冒头和门框均采用不锈钢或钛合金板罩面，拉手也用不锈钢或钛合金成品件；用地弹簧作为固定连接与开启门扇的装置（图4-123）。

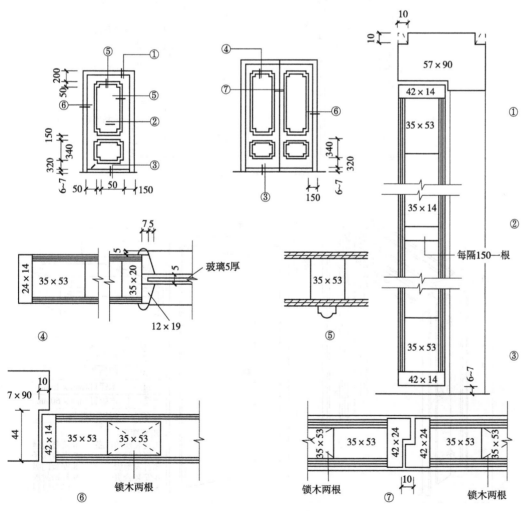

图4-117　有框木门的构造

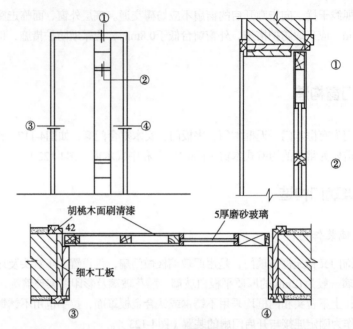

胡桃木面刷清漆   5厚磨砂玻璃

42

细木工板

图4-118 无框木门

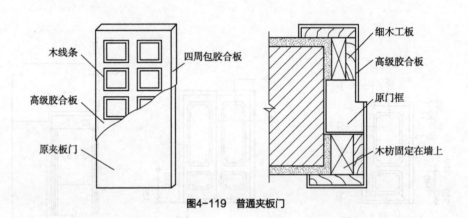

木线条   细木工板

四周包胶合板   高级胶合板

高级胶合板   原门框

原夹板门   木枋固定在墙上

图4-119 普通夹板门

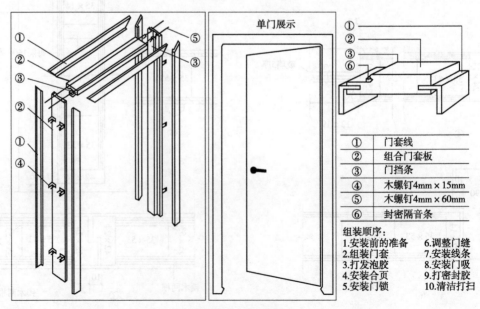

单门展示

①	门套线
②	组合门套板
③	门挡条
④	木螺钉4mm×15mm
⑤	木螺钉4mm×60mm
⑥	封密隔音条

组装顺序：
1.安装前的准备   6.调整门缝
2.组装门套   7.安装线条
3.打发泡胶   8.安装门吸
4.安装合页   9.打密封胶
5.安装门锁   10.清洁打扫

图4-120 实木复合门

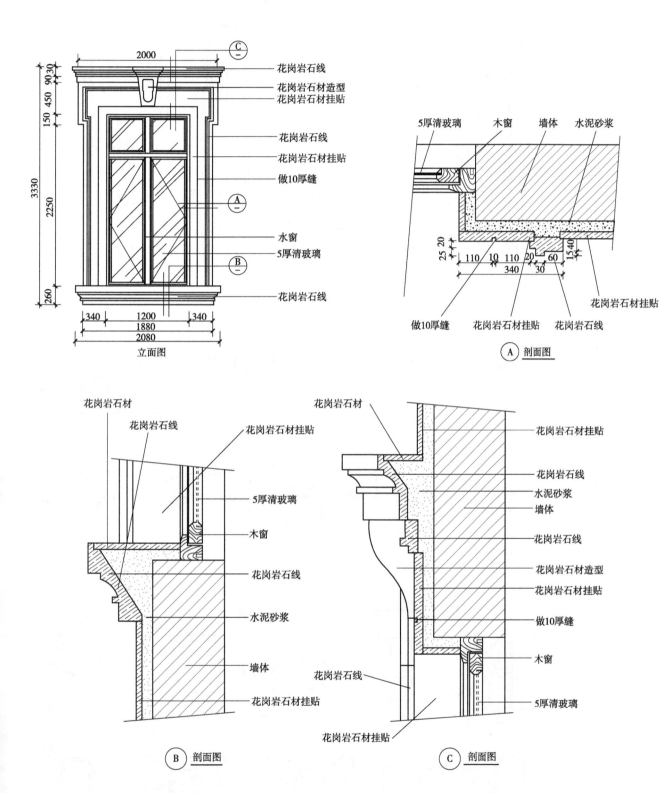

图4-121 欧式木窗构造图

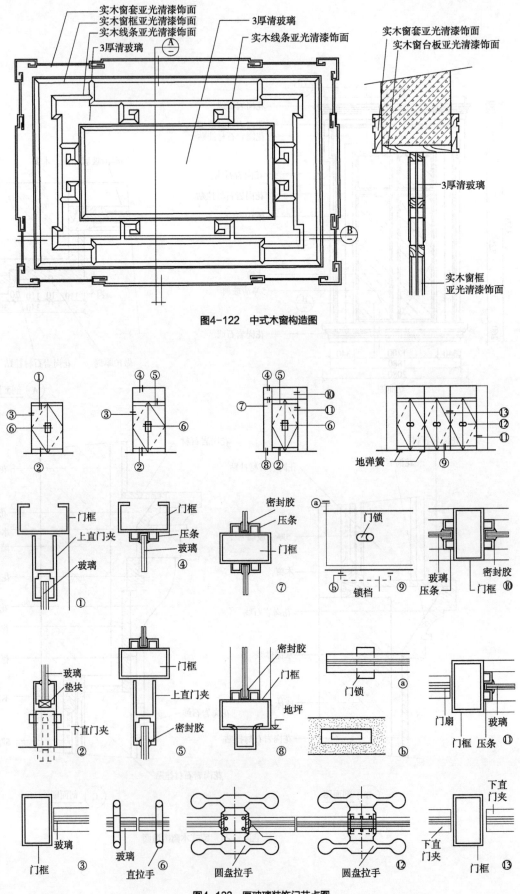

图4-122　中式木窗构造图

图4-123　厚玻璃装饰门节点图

4.7.3.2　自动推拉门

　　自动推拉门的门扇采用铝合金或不锈钢做外框，也可以是无框的全玻璃门，其开启控制有超声波控制、电磁场控制、光电控制、接触板控制等。当今比较流行的是微波自动推拉门，即用微波感应自动传感器进行开启控制。若人或其他移动物体进入传感器感知范围内时，门扇自动开启；人或其他移动物体离开传感器感知范围内时，门扇自动关闭。全玻璃自动门构造形式如图4-124所示。

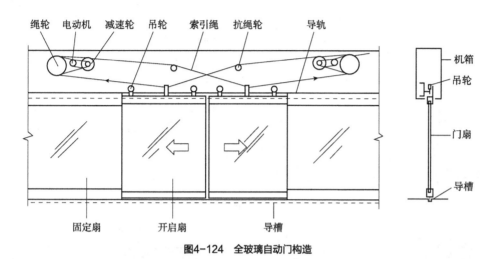

图4-124　全玻璃自动门构造

4.7.4　特种门窗装饰构造

4.7.4.1　密闭窗装饰构造

　　密闭窗用于有防尘、保温、隔声等要求的房间。密闭窗的构造应尽量减少窗缝，对缝隙采取密闭措施，选用适当的窗扇及玻璃的层数、间距、厚度，以保证达到密闭效果。

　　对缝隙一般用富有弹性的垫料嵌填，如毛毡、厚绒布以及橡胶、海绵橡胶、硅橡胶、聚氯乙烯塑料、泡沫塑料等，并将弹性材料制成条状、管状以及适宜密闭的各种断面。玻璃与窗扇间可用各种防水油膏、压条、卡条、油灰等进行密闭处理（图4-125）。

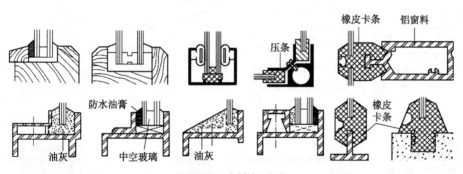

图4-125　密封处理构造

　　窗扇与窗框的密闭处理有贴缝式、内嵌式、垫缝式三种方式，如图4-126所示。

4.7.4.2　隔声门装饰构造

　　隔声门常用于室内噪声要求较低的房间中，如播音室、录音室等。主要的构造问题是保证门扇的隔声能力和门缝隙密闭性能，如图4-127所示。

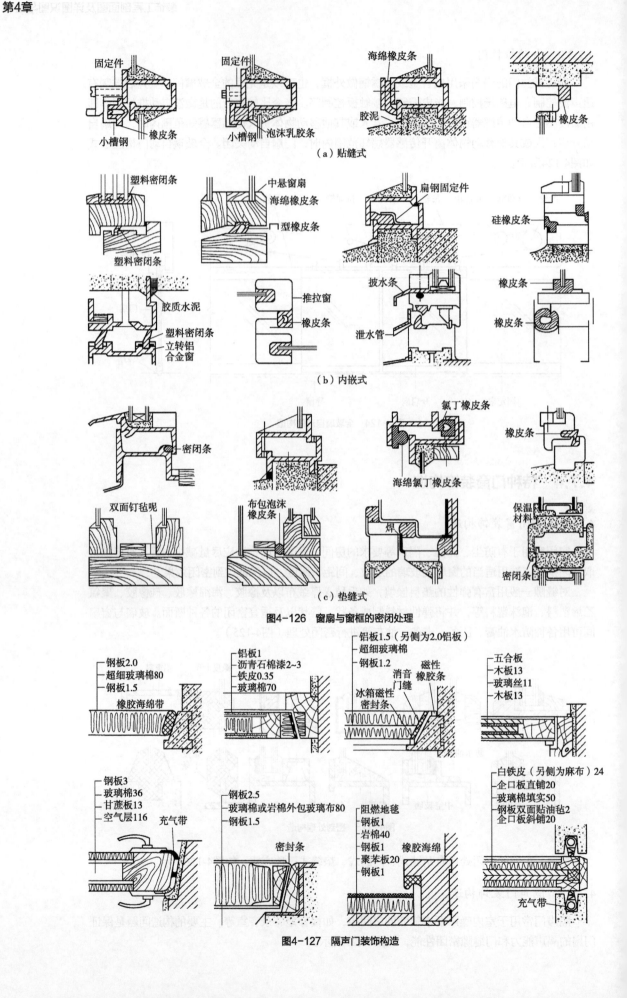

图4-126   窗扇与窗框的密闭处理

图4-127   隔声门装饰构造

4.7.4.3 保温门装饰构造

保温门的构造要点是保证门扇的保温性能和门缝隙密闭性能。保温门门扇一般采用质轻、疏松多孔、密度小的材料或合理利用空腔构造来达到门扇的保温效果。保温门门扇与门框之间、对开门门扇之间以及门扇与地面之间的缝隙处理同隔声门，如图4-128、图4-129所示。

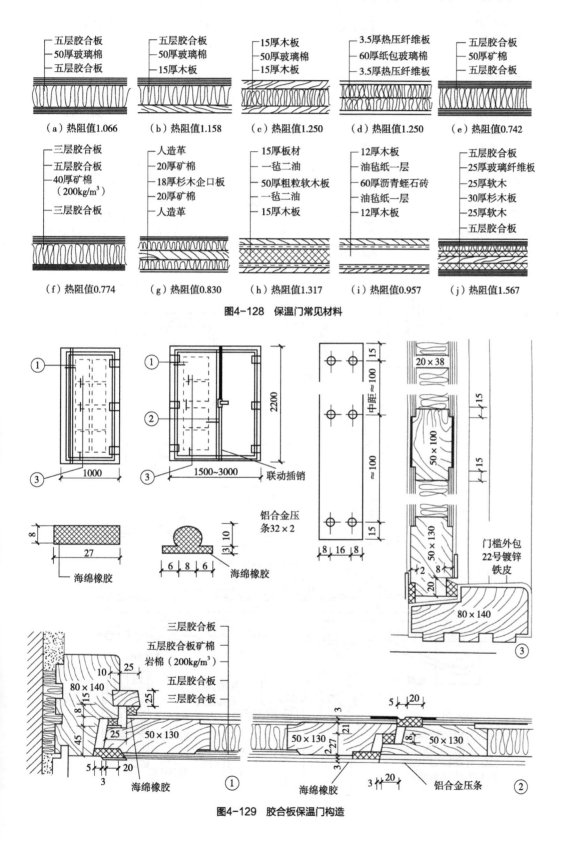

图4-128 保温门常见材料

图4-129 胶合板保温门构造

4.7.4.4 防火门装饰构造

常见防火门的构造层次,如图4-130、图4-131所示。

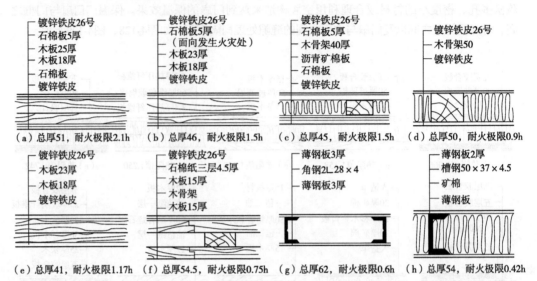

（a）总厚51,耐火极限2.1h　（b）总厚46,耐火极限1.5h　（c）总厚45,耐火极限1.5h　（d）总厚50,耐火极限0.9h

（e）总厚41,耐火极限1.17h　（f）总厚54.5,耐火极限0.75h　（g）总厚62,耐火极限0.6h　（h）总厚54,耐火极限0.42h

图4-130　几种防火门的构造层次及耐火极限

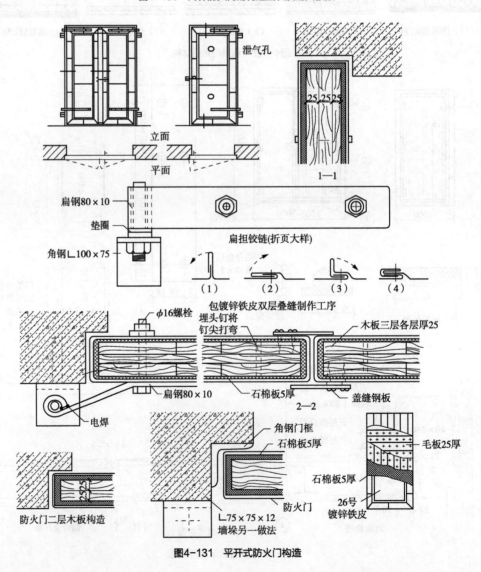

图4-131　平开式防火门构造

4.7.4.5　防火卷帘门装饰构造

防火卷帘门一般安装在墙体预埋铁件上或混凝土门框预埋件上，如图4-132所示。

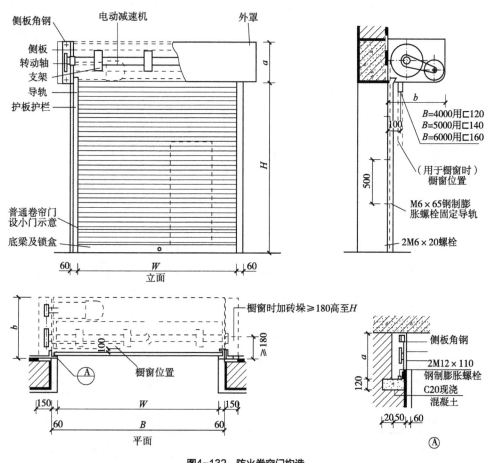

图4-132　防火卷帘门构造

4.7.4.6　商业橱窗装饰构造

橱窗尺度主要根据陈列品的性质和品种而定，一般陈列面的高度距室外地坪300~450mm，最高800mm，同时距离室内地面不小于200mm，橱窗深度一般600~2000mm。

橱窗框料有木、钢、铝合金、不锈钢、塑料等种类，断面尺寸根据橱窗大小和装玻璃有无填料而定。橱窗的玻璃一般厚度6~12mm，玻璃间可平接，过高时可用铜或金属夹逐段连，也可加设中槛（横档）分隔。安装较大玻璃最好采用橡皮、泡沫塑料、毛毡等填条，以免破碎，如图4-133所示。

4.7.5　楼梯装饰构造

4.7.5.1　楼梯的组成与形式

（1）楼梯组成。一般是由楼梯段、平台、栏杆、栏板、扶手等组成，如图4-134所示。

（2）楼梯的形式。单梯段直跑楼梯、双梯段直跑楼梯、转角楼梯、双分折角楼梯、三跑楼梯、对折楼梯、圆形楼梯、螺旋楼梯等，如图4-135所示。

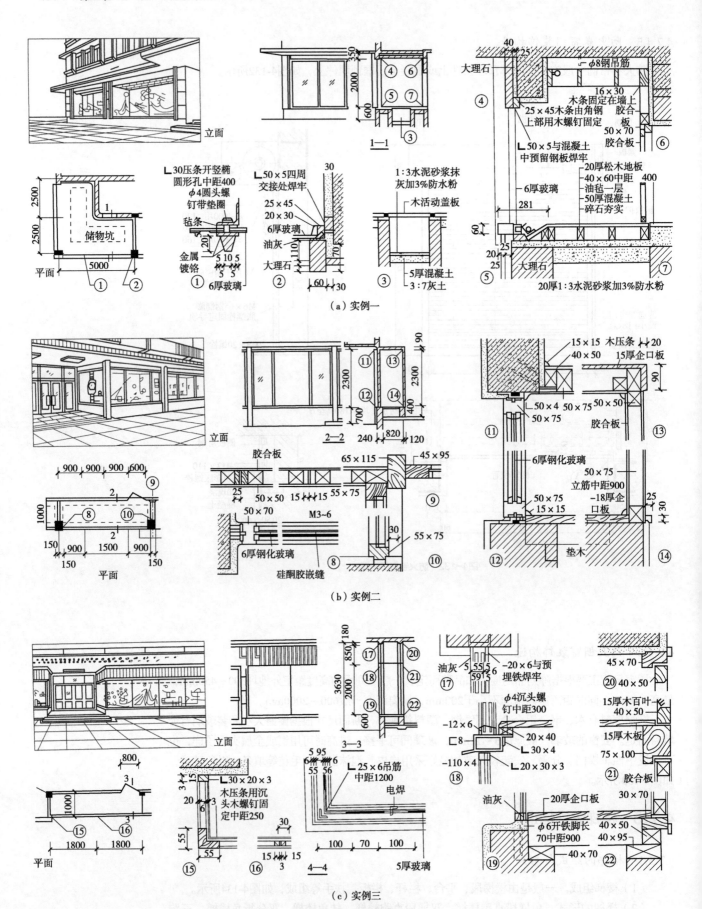

图4-133　商业橱窗构造

扶手
楼梯平台
楼梯段
栏杆

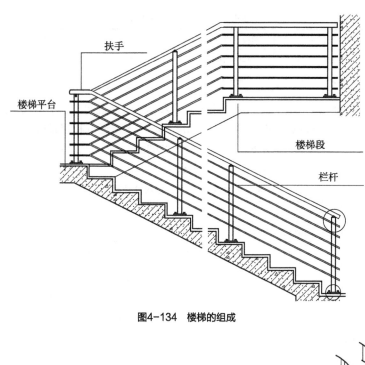

图4-134 楼梯的组成

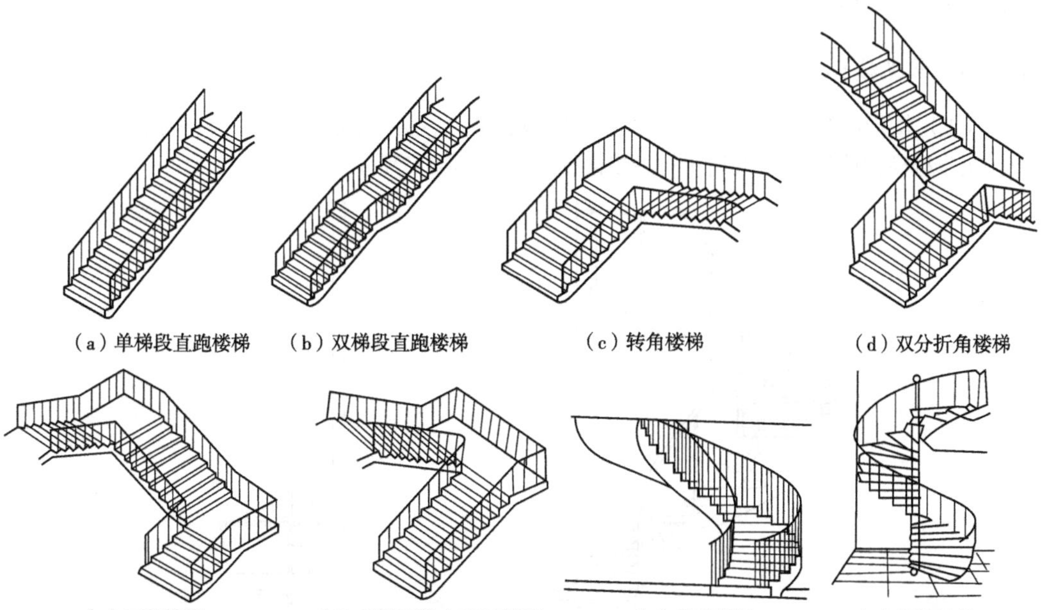

（a）单梯段直跑楼梯
（b）双梯段直跑楼梯
（c）转角楼梯
（d）双分折角楼梯
（e）三跑楼梯
（f）对折楼梯（双跑楼梯）
（g）圆形楼梯
（h）螺旋楼梯

图4-135 楼梯的形式示意图

4.7.5.2 楼梯的尺度

楼梯段的宽度：单人通行的梯段宽度一般应为800～900mm，双人通行的梯段宽度一般应为1100～1400mm；三人通行的梯段宽度一般应为1650～2100mm等。

平台的宽度：楼梯中间平台的净宽不得小于楼梯段的宽度；直跑楼梯平台深度不小于2倍踏步宽加一步踏步高。双跑楼梯中间平台深度≥梯段宽度，而一般住宅内部的楼梯宽度可适当缩小，但不宜小于850mm。

楼梯坡度：室内楼梯的坡度一般为20°～45°为宜，最好的坡度为30°左右。当坡度小于23°时，常做成坡道，而坡度大于45°时，则采用爬梯。

踏步尺寸：一般来说，楼梯的踏步高h和踏步宽b宜符合公式$2h+b=600$，常用的楼梯踏步数值见相关建筑规范，见表4-1。

表4-1   常用适宜踏步尺寸

名称	住宅	学校、办公楼	剧院、会堂	医院（病人用）	幼儿园
踏步高h（mm）	156~175	140~160	120~150	150	120~150
踏步宽b（mm）	260~300	260~340	280~350	300	360~300

楼梯的净空高度：楼梯净空高度H一般应大于人体上肢伸直向上、手指触到顶棚的距离。楼梯净高、净空尺寸关系见表4-2。楼梯净空高度应满足人流通行和家具搬运的方便，为了防止行进中碰头或产生压抑感，规定梯段净空不小于2200mm，平台梁下净高应不小于2000mm，且平台梁与起始踏步前缘水平距离不小于300mm。

表4-2   楼梯净高及净空尺寸计算

踏步尺寸（mm）	130×340	150×300	170×260	180×240
梯段坡度	20°54′	26°30′	33°12′	36°52′
梯段净高（mm）	2360	2400	2470	2510
梯段净空（mm）	2150	2080	1990	1940

楼梯栏杆（栏板）扶手的高度：通常建筑内部楼梯栏杆（栏板）扶手的高度以踏步表面往上900mm，室外不低于1100mm，幼儿园、小学校等供儿童使用的栏杆可在600mm左右高度再增设一道扶手。栏杆之间的净距不大于110mm。

4.7.5.3   常见楼梯装修构造

（1）木质楼梯。木楼梯由脚踏板、踢脚板、平台、斜梁、楼梯柱、栏杆和扶手等部分组成。明步楼梯构造如图4-136所示；暗步楼梯构造如图4-137所示。

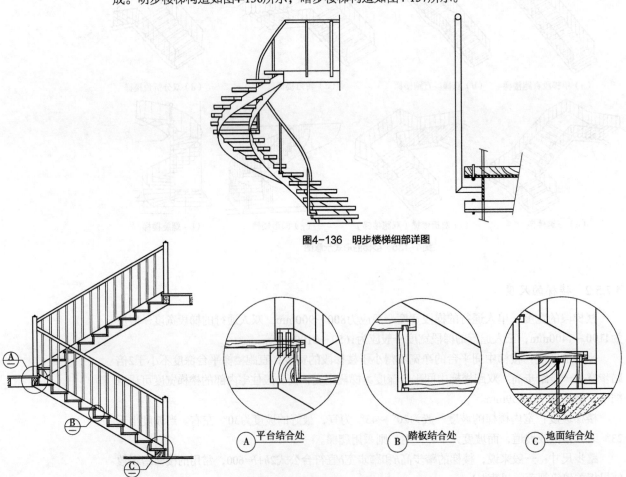

图4-136   明步楼梯细部详图

图4-137   暗步楼梯细部详图

　　扶手与栏杆或栏板的连接构造因扶手的材质而定，其连接形式如图4-138所示。

　　（2）金属楼梯。常用的材料形式有：不锈钢圆管、方管以及不锈钢角材、槽材等，同时配有各种组装配件。其构造形式如图4-139、图4-140所示。

　　（3）石材楼梯。一般楼梯饰面多采用花岗石板材，花岗岩板厚度为20mm；楼梯栏板多采用大理石和人造石。其构造如图4-141所示。

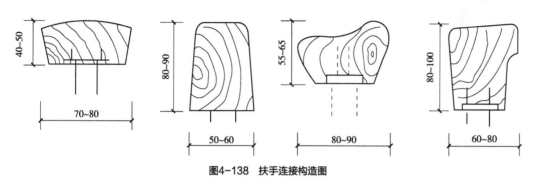

图4-138　扶手连接构造图

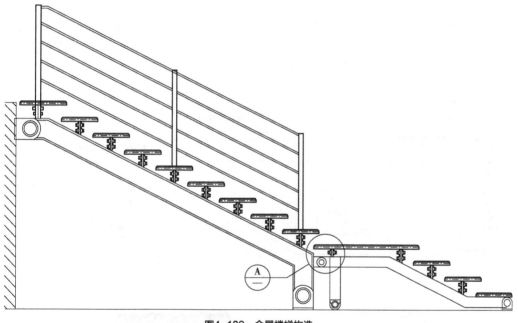

图4-139　金属楼梯构造

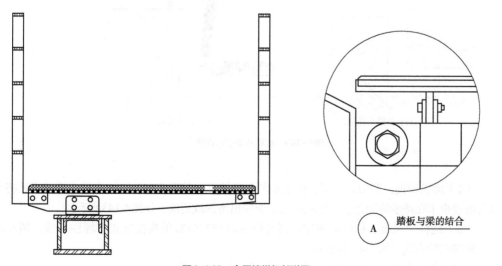

图4-140　金属楼梯细部详图

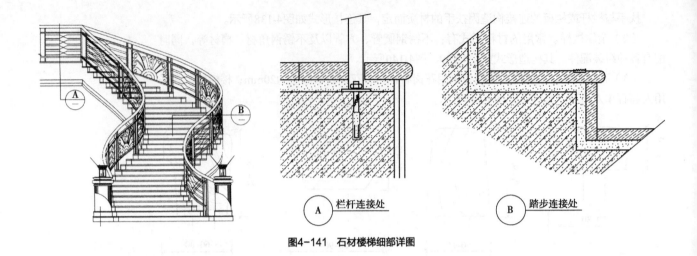

A　栏杆连接处　　　　　B　踏步连接处

图4-141　石材楼梯细部详图

4.7.5.4　楼梯细部装饰构造

（1）踏步及踏面的防滑处理。常用的防滑措施做法有：一种是在距踏步面层前缘40mm处设2~3道防滑凹槽；一种是在距踏步面层前缘40~50mm处设防滑条，防滑条的材料可用金刚砂、金属条、陶瓷锦砖、橡胶条等（图4-142）。

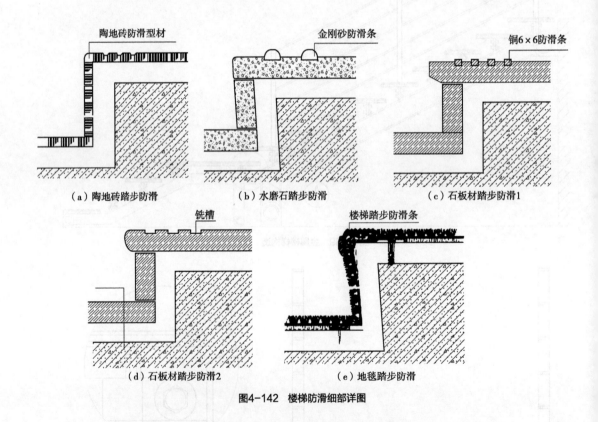

（a）陶地砖踏步防滑　　　（b）水磨石踏步防滑　　　（c）石板材踏步防滑1

（d）石板材踏步防滑2　　　（e）地毯踏步防滑

图4-142　楼梯防滑细部详图

（2）地毯铺设。踏口处用钢、铝或塑料包角镶钉，起耐磨和装饰的作用；浮云式是将地毯用地毯棍卡在踏步的阴角上，地毯可以定期抽出清洗或更换。如图4-143所示。

（3）栏杆、栏板。栏杆的固定：栏杆的主杆与踏步板的连接方式有埋件焊接、留孔灌浆、栓接三种方式，如图4-144所示。

玻璃栏板：分为半玻和全玻，图4-145所示为半玻式构造。

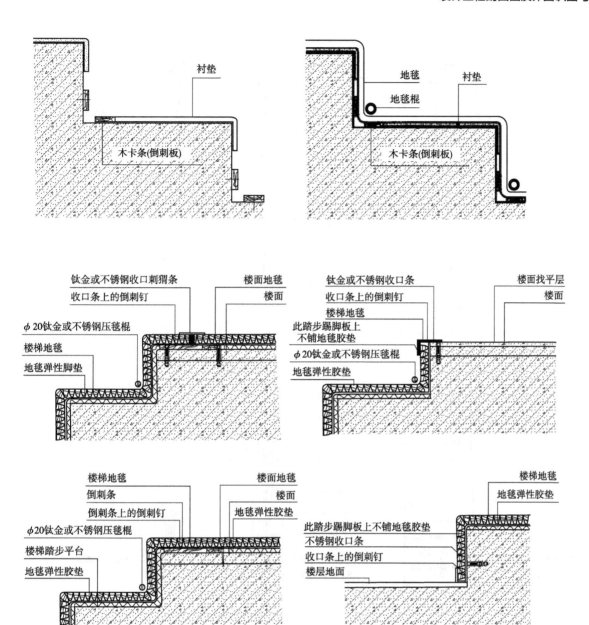

图4-143　楼梯地毯铺装细部详图

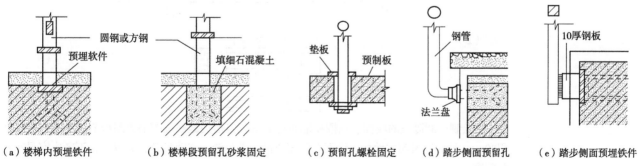

（a）楼梯内预埋铁件　　（b）楼梯段预留孔砂浆固定　　（c）预留孔螺栓固定　　（d）踏步侧面预留孔　　（e）踏步侧面预埋铁件

图4-144　栏杆与踏步板的连接方式

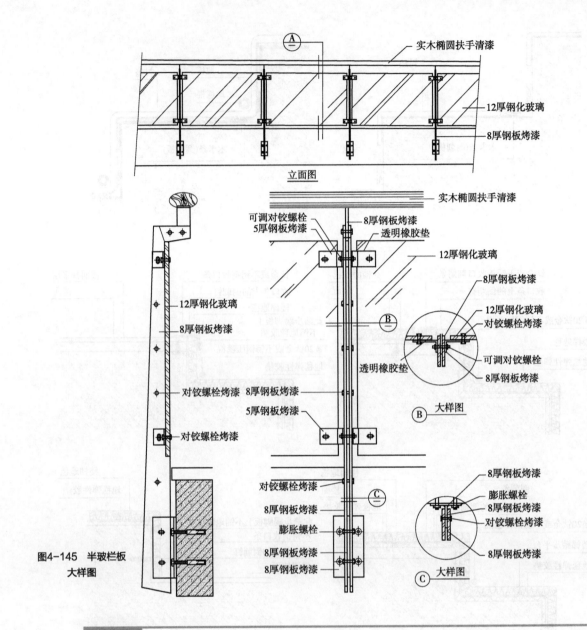

图4-145 半玻栏板
大样图

习 题

1.绘制下列构件的剖面图和断面图。

（1）

（2）

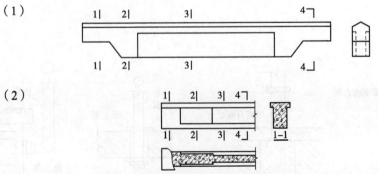

2.绘制一间卧室的墙面、顶棚和地面构造图，包括关键部位的剖面图和节点详图。卧室面积20m²，地面铺设实木地板，墙面贴壁纸或涂刷乳胶漆，屋顶吊顶，无隔断，不考虑家具布置和门窗。

第 *5* 章
装饰工程水电图识读与绘制

水电施工图是建筑给排水施工图和建筑电气施工图的统称，是确定工程造价、组织施工以及保证安全的主要依据。因此，水电施工是室内装饰工程中至关重要的一项，施工前必须要明确水电施工图，按照水电施工图来安装测试。

5.1 给排水工程图识读与绘制

室内装饰给水排水工程是建筑物内部装饰的有机组成部分，它与建筑学、建筑结构、建筑供暖与通风、建筑电气、建筑燃气等工程共同构成可供使用的建筑物整体。建筑物给水排水工程主要包括：室内内部生活给水系统、污水排水系统、中水系统、热水供应系统、饮用水供应系统等。

5.1.1 给排水工程图的组成

室内装饰给水排水工程包括室内给水工程和室内排水工程，其工程的主要任务是把建筑物外给水管网内的水输送到室内的各种用水设备处，使用水的水量能够调节、储存，并使供水水质不受影响。当供应的水在因各种用途的使用后其水质发生变化，受到不同程度的污染，应进行排除，一是直接排至室外的排水管道内，二是收集使用后受到不同程度污染的排水，经适当处理，使处理后水质达到所要求的标准再重新使用。

室内给水排水管道工程图由文字部分和图样部分组成，见表5-1。图样一般由平面图和轴测图组成。

表5-1 室内给水排水管道工程图的组成

组成部分	内容	组成部分	内容
文字部分	（1）工程说明； （2）设计依据； （3）设计内容； （4）设计说明； （5）施工安装说明； （6）验收方法及标准； （7）设备材料用表； （8）图例等	图样部分	（1）给水排水平面图； （2）给水排水轴测图； （3）立面图； （4）剖面图； （5）详图和标准图

5.1.2 给排水管道工程系统类别及系统组成

室内给水排水管道工程系统类别有给水系统、排水系统和中水系统。

（1）室内给水管道工程系统类别及其组成见表5-2。

表5-2 室内给水管道工程系统类别及组成

序号	系统类别	系统组成
1	室内自来水管道系统	（1）进户管；（2）水表节点；（3）给水附件；（4）管道；（5）储水增压设备等
2	室内消防水管道系统	（1）进户管；（2）水表节点；（3）给水附件；（4）管道；（5）储水增压设备；（6）消防设备
3	室内热水供应管道系统	（1）热源设备；（2）第一循环管道系统；（3）第二循环管道系统
4	室内饮水供应管道系统	（1）水处理设备；（2）附件；（3）管道

（2）室内排水管道工程系统类别及组成见表5-3。

表5-3　室内排水管道工程系统类别及组成

序号	系统类别	系统组成
1	室内污废水管道系统	（1）排出管；（2）卫生设备；（3）排水立管；（4）排水横管；（5）通气管；（6）污（废）水处理设备；（7）局部提升装置；（8）检查口清扫口等
2	屋面雨水系统	（1）雨水斗；（2）雨水管道；（3）检查口、清扫口；（4）雨水口、井等

（3）室内中水管道工程系统类别及组成见表5-4。

表5-4　室内中水管道工程系统类别及组成

序号	系统类别	系统组成
1	室内污水处理的中水管道系统	（1）污水处理设备；（2）中水供应管道；（3）储水加压设备等
2	室内杂排水处理的中水管道系统	（1）杂排水处理设备；（2）中水供应管道；（3）储水加压设备等

给排水施工图分室外给排水与室内给排水两部分。室内给水系统按供水对象的不同分为生活给水系统、生产给水系统和消防给水系统三种。给水管道，一般以建筑物外墙1.5m为界，入口处设阀门者以阀门为界。

室内排水系统分生活污水系统、生产污（废）水系统和屋面雨水系统。排水管道，以出户第一排水检查井为界。室内部分有平面图、系统图及详细说明。

给排水施工图包括平面图和系统图（图5-1）两个部分。对所采用的设备、材料品种、型号规格、施工质量规范要求等方面的内容，在施工图说明中一定要交代清楚。

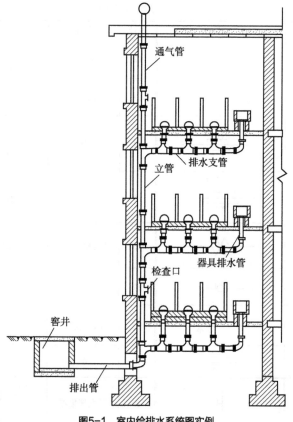

图5-1　室内给排水系统图实例

5.1.3　给排水工程图的有关规定

（1）给排水图例见表5-5～表5-12。

表5-5　管道图例

序号	名称	图例	序号	名称	图例
1	生活给水管	—— J ——	15	压力污水管	—— YW ——
2	热水给水管	—— RJ ——	16	雨水管	—— Y ——
3	热水回水管	—— RH ——	17	压力雨水管	—— YY ——
4	中水给水管	—— ZJ ——	18	膨胀管	—— PZ ——
5	循环给水管	—— XJ ——	19	保温管	（波浪线图例）
6	循环回水管	—— Xh ——	20	多孔管	（多孔管图例）
7	热媒给水管	—— RM ——	21	地沟管	（地沟管图例）
8	热媒回水管	—— RMH ——	22	防护套管	（防护套管图例）
9	蒸汽管	—— Z ——	23	管道立管	XL-1平面　XL-1系统　X：管道类别 L：立管 1：编号
10	凝结水管	—— N ——	24	伴热管	（伴热管图例）
11	废水管	—— F —— 可与中水源水管合用	25	空调凝结水管	—— KN ——
12	压力废水管	—— YF ——	26	排水明沟	坡向 ——→
13	通气管	—— T ——	27	排水暗沟	坡向 ——→
14	污水管	—— W ——			

注：分区管道用加注角标方式表示：如J1、J2、RJ1、RJ2……

表5-6　管道附件图例

序号	名称	图例	序号	名称	图例
1	套管伸缩器	（图例）	12	雨水斗	YD- 平面　YD- 系统
2	方形伸缩器	（图例）	13	排水漏斗	平面　系统
3	刚性防水套管	（图例）	14	圆形地漏	通用。如为无水封，地漏应加存水弯
4	柔性防水套管	（图例）	15	方形地漏	（图例）
5	波纹管	（图例）	16	自动冲洗水箱	（图例）
6	可曲挠橡胶接头	（图例）	17	挡墩	（图例）
7	管道固定支架	※　※	18	减压孔板	（图例）
8	管道滑动支架	（图例）	19	Y形除污器	（图例）
9	立管检查口	（图例）	20	毛发聚集器	平面　系统
10	清扫口	平面　系统	21	防回流污染止回阀	（图例）
11	通气帽	成品　铅丝球	22	吸气阀	（图例）

表5-7　管道连接图例

序号	名称	图例	序号	名称	图例
1	法兰连接		7	三通连接	
2	承插连接		8	四通连接	
3	活接头		9	盲板	
4	管堵		10	管道丁字上接	
5	法兰堵盖		11	管道丁字下接	
6	弯折管	表示管道向后及向下弯转90°	12	管道交叉	在下方和后面的管道应断开

表5-8　管件图例

序号	名称	图例	序号	名称	图例
1	偏心异径管		8	弯头	
2	异径管		9	正三通	
3	乙字管		10	斜三通	
4	喇叭口		11	正四通	
5	转动接头		12	斜四通	
6	短管		13	浴盆排水件	
7	存水弯				

表5-9　阀门图例

序号	名称	图例	序号	名称	图例
1	闸阀		8	气动阀	
2	角阀		9	减压阀	左侧为高压端
3	三通阀		10	旋塞阀	平面　　系统
4	四通阀		11	底阀	
5	截止阀	$DN \geq 50$　　$DN < 50$	12	球阀	
6	电动阀		13	隔膜阀	
7	液动阀		14	气开隔膜阀	

（续）

序号	名称	图例	序号	名称	图例
15	气闭隔膜阀		22	弹簧安全阀	
16	温度调节阀		23	平衡锤安全阀	
17	压力调节阀		24	自动排气阀	平面　系统
18	电磁阀	M	25	浮球阀	平面　系统
19	止回阀		26	延时自闭冲洗阀	
20	消声止回阀		27	吸水喇叭口	平面　系统
21	蝶阀		28	疏水器	

表5-10　给水配件图例

序号	名称	图例	序号	名称	图例
1	放水龙头	左侧为平面，右侧为系统	6	脚踏开关	
2	皮带龙头	左侧为平面，右侧为系统	7	混合水龙头	
3	洒水（栓）龙头		8	旋转水龙头	
4	化验龙头		9	浴盆带喷头混合水龙头	
5	肘式龙头				

表5-11　消防设施图例

序号	名称	图例	序号	名称	图例
1	消火栓给水管	—— XH ——	5	室内消火栓（双口）	平面　系统
2	自动喷水灭火给水管	—— ZP ——	6	水泵接合器	
3	室外消火栓		7	自动喷洒头（开式）	平面　系统
4	室内消火栓（单口）	平面　系统　白色为开启面	8	自动喷洒头（闭式）	平面　系统　下喷

（续）

序号	名称	图例	序号	名称	图例
9	自动喷洒头（闭式） 上喷	平面 ○— ／系统	18	湿式报警阀	平面 ●— ／系统
10	自动喷洒头（闭式） 上下喷	平面 ⊙— ／系统	19	预作用报警阀	平面 ◐— ／系统
11	侧墙式自动喷洒头	平面 ○— ／系统	20	遥控信号阀	
12	侧喷式喷洒头	平面 □— ／系统	21	水流指示器	—○(L)—
13	雨淋灭火给水管	——YL——	22	水力警铃	
14	水幕灭火给水管	——SM——	23	雨淋阀	平面 ⊙— ／系统
15	水炮灭火给水管	——SP——	24	末端测试阀	平面 ○— ／系统
16	干式报警阀	平面 ◎— ／系统	25	末端测试阀	▲
17	水炮		26	推车式灭火器	▲

注：分区管道用加注角标方式表示：如XH1、XH2、ZP1、ZP2……

表5-12　卫生设备及水池图例

序号	名称	图例	序号	名称	图例
1	立式洗脸盆		9	妇女卫生盆	
2	台式洗脸盆		10	立式小便器	
3	挂式洗脸盆		11	壁挂式小便器	
4	浴盆		12	蹲式大便器	
5	化验盆、洗涤盆		13	坐式大便器	
6	带沥水板洗涤盆	不锈钢制品	14	小便槽	
7	盥洗槽		15	淋浴喷头	
8	污水池				

（2）图线规定见表5-13。

表5-13　给排水工程图图线规定

名称	线型	用途
粗实线	——————	新建各种水管道线
中实线	——————	给水排水设备、构件的可见轮廓线；总图中新建的建筑物和构筑物的可见轮廓线；原有各种给水排水水管道线
细实线	——————	平面图、剖面图中被剖切的建筑构造（包括构配件）的可见轮廓线，原有建筑物、构筑物的可见轮廓，尺寸线、尺寸界线、引出线、标高符号线、较小图形的中心线等
粗虚线	— — — — —	新建各种排水管道线
中虚线	— — — — —	给水排水设备、构件的不可见轮廓线、新建建筑物、构筑物的不可见轮廓线、原有的给水排水管道线
细虚线	- - - - - -	平面图、剖面图中被剖切的建筑构造的不可见轮廓线、原有的给水排水管道线
单点长画线	—·—·—	中心线、定位轴线
折断线	—∿—	断开界线
波浪线	∿∿∿	断开界线

（3）比例规定见表5-14。

表5-14　给排水工程图比例规定

名称	比例	备注
区域规划图 区域位置图	1∶50 000、1∶25 000、1∶10 000 1∶5000、1∶2000	宜与总图专业一致
总平面图	1∶1000、1∶500、1∶300	宜与总图专业一致
管道纵断面图	纵向：1∶200、1∶100、1∶50 横向：1∶1000、1∶500、1∶300	
水处理厂（站）平面图	1∶500、1∶200、1∶100	
水处理构筑物、设备间、卫生间、泵房平、剖面图	1∶100、1∶50、1∶40、1∶20	
建筑给排水平面图	1∶200、1∶150、1∶100	宜与建筑专业一致
建筑给排水轴测图	1∶150、1∶100、1∶50或不按比例	宜与相应图纸一致
详图	1∶50、1∶30、1∶20、1∶10、1∶5、1∶2、1∶1、2∶1	

（4）标高表示方法如图5-2所示。

给排水工程图中的标高方法和装饰工程图类似，详见第2章2.4节内容。

（5）管径标注方法如图5-3所示。

（6）编号方法如图5-4所示。

给排水工程图中的编号方法和装饰工程图类似，详见第2章2.4节内容。

图5-2　给排水工程图标高方法　　　　　　　　　图5-3　给排水工程图管径标注方法

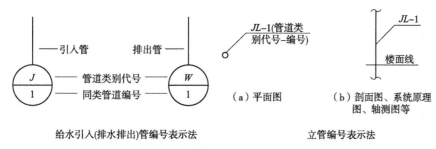

图5-4　给排水工程图编号方法

5.1.4　给排水工程图的绘制

5.1.4.1　给水管道布置的一般原则

（1）给水引水管的位置应设置在室内用水最集中、用水量最大的位置，便于充分利用室外管网的水压。

（2）水平干管或立管应靠近用水量最大处，可减少管道敷设的长度。

（3）管道应尽量与室内墙、梁或柱平行布置，力求长度短、弯头少。

（4）管道不允许布置在烟道、风道内，不允许穿过橱窗、壁橱、大小便槽等。

（5）当多根管道交叉布置时，应注意与电气、煤气管道协调，以符合管道之间距离的要求。

5.1.4.2　排水管道布置的原则

（1）在保证有利排水、通气以及日常维护管理的前提下，还应经济、美观。

（2）为便于排水，排水立管应设在排水量最大、杂质最多、水质最污的排水点附近，一般沿墙角、柱角（或沿墙、柱）布置。与立管连接的横管应该最短，尽量减少转弯。排水立管不得穿越卧室等对卫生或安静要求较高的房间，尽量远离与卧室相邻的内墙。

（3）排水横管不得穿越建筑物的沉降缝、抗震缝、伸缩缝、风道或烟道，以防发生不均匀沉降折断管道以及烟气腐蚀管道等事件。

（4）排水横管（包括横支管）应具有一定的坡度，坡向立管，以利排水，横支管的最小管径不少于50mm，立管的管径不小于任何一根横支管的管径，粪便排水管径不小于100mm。

（5）通气管是指从顶层排水横管起，在立管上向上延伸的部分。其作用是把排水管道中的臭气和有害气体排放至大气中，并在排水过程中保持排水管道内的压力平衡，防止卫生器具的水封受到破坏。通气管有多种形式，如伸顶通气管、专用通气管、环形通气管、器具通气管等，其中常见的是伸顶通气管。当屋面无人停留活动时，通气管伸出屋面部分应大于0.3m，并大于当地最大积雪厚度；若屋面是经常有人停留活动的平屋顶，通气管应高出屋面2m，并就近与屋面建筑物可靠连接固定。通气管的管径可与排水立管相同或比立管小一级。

5.1.4.3　平面图

某住宅室内给水排水管道平面图，是在建筑平面图上表明给水管道、用水设备、排水管道、卫生器具等平面布置图，是给排水施工图中最基本、最重要的图样。各种管道不论在楼面（地面）之上或之下，一律视为可见，给水管道用粗实线绘制，排水管道用粗虚线绘制，给排水管道画在同一张平面图上，如图5-5、图5-6所示。

给排水管道平面图的主要内容有：室内平面形状、设备的平面布置情况；各个干管、立管、支管的平面位置及其管径的大小和走向；给排水系统与立管的编号；各阀门和清扫口的平面位置；给排水管的平面位置以及与室外排水管网的联系等。

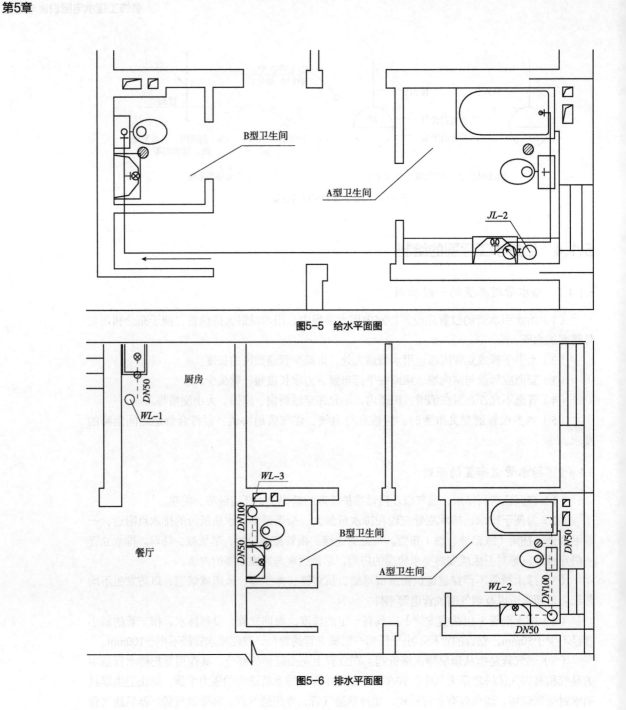

图5-5 给水平面图

图5-6 排水平面图

5.1.4.4 系统图

某住宅室内给排水系统图分为室内给水管道系统图和室内排水管道系统图两部分,给水管道系统和排水管道系统应分别画出,并说明给排水管道系统上下层之间、左右前后之间的空间关系,如图5-7、图5-8所示。

5.1.5 给排水工程图的识读

室内给水排水管道工程图表示管道系统与建筑紧密相结合,反映管道系统的各组成在建筑内平面布置的位置和空间布置的位置,较所对应的基本图示复杂,它是基本图示的实际应用和具体表现,也是施工安装的基本依据。在熟知基本图示的前提下,快速识读建筑内给水排水管道工程图的方法可用口诀来描述:建筑平面看清楚,用水点处看器具,管道来去方向明,各种

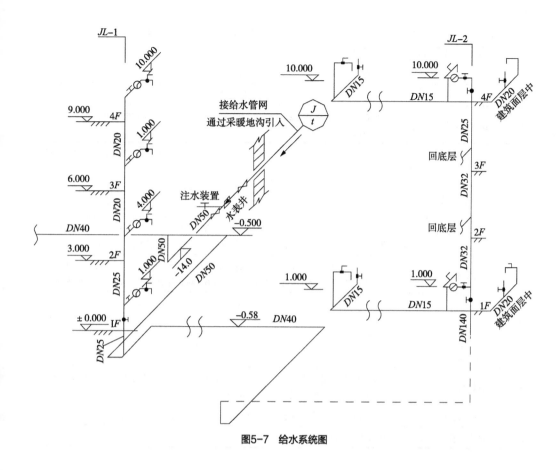

图5-7 给水系统图

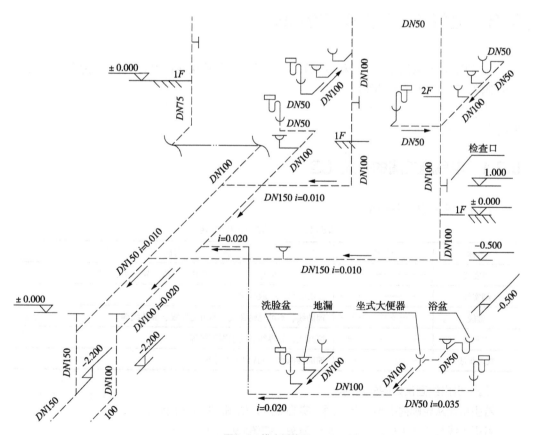

图5-8 排水系统图

设备仔细读，各图样要对应看，事先还要读说明，如要懂得各规范，看图更是如虎添翼。有关设计规范和施工规范的规定见表5-15。

表5-15   给排水设计与施工有关规定

序号	项目	有关规定
1	给水进户管	（1）埋在冰冻线以下；（2）与排水管道保持一定距离；（3）坡向室外管网；（4）对塑料管埋地有要求
2	给水水表节点	（1）有水表、前后阀门和止回阀；（2）安装在进户管上；（3）防止水表损坏便于查看水表
3	排水排出管	（1）坡向室外；（2）排水立管与排水排出处采用2个45°的弯头连接；（3）对塑料管埋地有要求
4	室内给水管道	（1）常用给水塑料管；（2）横平竖直，靠墙柱和给水点等；（3）管材不被破坏；（4）管内水质不受污染；（5）便于维护管理；（6）塑料管熔接；（7）安装阀门
5	室内排水管道	（1）常用排水塑料管；（2）横平竖直，靠墙柱和排水点等；（3）管材不被破坏；（4）便于维护管理；（5）排水塑料管黏接；（6）对管件有要求；（7）安装伸缩器
6	室内消防给水管道	（1）常用热浸镀锌钢管；（2）螺纹或卡箍连接；（3）环状连接；（4）消火栓离地1.1m，布置在楼梯、走廊、大门等处；（5）进户管上安装防倒流器；（6）安装阀门；（7）横平竖直
7	卫生器具	（1）安装在卫生间内；（2）采用标准图
8	供热水管道	（1）采用PP-F2管，热熔接；（2）安装阀门；（3）高处有排气、低处有排水；（4）靠近用水点；（5）安装阀门；（6）横平竖直
9	供中水管道	（1）采用给水塑料管，热熔接；（2）靠近用水点；（3）有防饮标志
10	供饮水管道	采用食品级塑料管材

5.2   电气工程图识读与绘制

电气工程图是采用图形符号和带注释的框来表示包括连接线在内的一个电气系统或设备的多个部件或零件之间关系的图示形式。

识读电气图，首先弄清识图的基本要求，掌握好读图步骤，这样才能提高识读图的水平，加快分析电路的速度。

5.2.1   电气施工图的有关规定

（1）图线规定见表5-16。

表5-16   电气施工图图线规定

名称	线型	用途
粗实线	——————	基本线、可见轮廓线、可见导线、一次线路、主要线路
细实线	——————	二次线路、一般线路
虚线	------------	辅助线、不可见轮廓线、不可见导线、屏蔽线等
点画线	—·—·—·	控制线、分界线、功能围框线等
双点画线	—··—··—	辅助围框线、36V以下线路等

（2）引出线画法如图5-9所示。

若引出线从轮廓内引出，起点画一实心黑点，如图5-9（a）所示；

若引出线从轮廓上引出，起点画一箭头，如图5-9（b）所示；

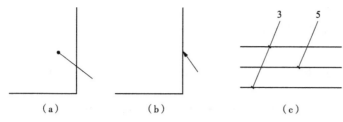

图5-9　电气图引出线画法

若引出线从电路上引出，起点画一短斜线，如图5-9（c）所示。

（3）图形符号与代号见表5-17～表5-19。

（4）单线和多线的表示法。单线表示法将同方向同位置的多根电线用一条线表示。多线表示法将每根电线都画出来。

表5-17　常用的电气图形符号

符号	名称	符号	名称	符号	名称
○	白炽灯		普通型带指示灯单级开关（暗装）		点画接线箱
	壁灯		普通型带指示灯双级开关（暗装）		落地接线箱
	吸顶灯		单相两孔加三孔插座（暗装）		二分支器
⊗	防水吊线灯		单相两孔加三孔防水插座	TV	电视插座
	单管荧光灯 双管荧光灯		空调用三孔插座	TP	电话插座
	声控灯	○	排气扇	□	对讲分机
	配电箱		断路器	▷	放大器
WH	电镀表		负荷开头		分配器
DY	电源		向上配线 向下配线	FD	放大器分支器箱
	按钮		地线	DJ	对讲楼层分配箱

表5-18　常用电器的代号

代号	线路敷设方式	代号	线路敷设方式	代号	线路敷设方式
PC	穿硬塑料管敷设	E	明敷设	CE	沿天棚或顶板面敷设
SC	穿钢管敷设	WC	暗敷设在墙内	BE	沿屋架敷设
TC	穿电线管敷设	K	瓷瓶瓷柱敷设	CLE	沿柱敷设
WL	铝皮长钉敷设	PL	瓷夹板敷设	FC	沿地板或埋地敷设
PRE	塑料线槽敷设	SR	沿钢索敷设	WE	沿墙面敷设
T	电线管配线	M	钢索配线	F	金属软管配线

表5-19　灯具安装方式的代号

代号	线路敷设方式	代号	线路敷设方式
Ch	链吊式	CP	线吊式
P	管吊式	CL	柱上安装
W	壁式	S	吸灯式
R	嵌入式（也适用于暗装配电箱）		

（5）标注方式。

①室内电气施工图的标注格式为：

$$a\text{-}b\ (c\times d)\ e\text{-}f$$

其中：a为回路编号；b为导线型号；c为导线根数；d为导线截面积（mm²）；e为敷设方式及穿管管径；f为敷设部位。

例如，某配电线路上标注有：BV（4×25）1×16FPC32–WC，那么这就表示4根截面积为25mm²的铜芯塑料绝缘导线，1根截面为16mm²，直径为32mm的塑钢管敷设，WC表示暗敷在墙内。

②照明灯具的标注方法为：

$$a\text{-}b\ \frac{c\times d\times l}{e}\ f$$

其中：a为灯具数；b为灯具型号或编号；c为每盏灯的灯泡数量或管数；d为灯泡或灯管的功率（W）；l为光源种类；e为安装高度；f为安装方式。

一般灯具标注时，常不写型号，比如：

$$5\ \frac{1\times 40\text{W}}{2.8}\ \text{ch}$$

5.2.2 电气图识读的基本步骤

（1）详看图纸说明。拿到图纸后，首先要仔细阅读图纸的主标题栏和有关说明，如图纸目录、技术说明、电气元件明细表、施工说明书等，结合已有的电工知识，对该电气图的类型、性质、作用有一个明确的认识，从整体上理解图纸的概况和所要表述的重点。

（2）看概略图和框图。由于概略图和框图只是概略表示系统或分系统的基本组成、相互关系及其主要特征，因此紧接着就要详细看电路，才能搞清它们的工作原理。概略图和线框图多采用单线图，只有某些380V/220V低压配电系统概略图才部分地采用多线图表示。

（3）看电路图。电路图是电气图的核心，也是内容最丰富、最难读懂的电气图纸，是看图的重点和难点。

看电路图首先要看有哪些图形符号和文字符号，了解电路图各组成部分的作用，分清主电路和辅助电路，交流回路和直流回路。其次，按照先看主电路、再看辅助电路的顺序进行看图。

看主电路时，通常要从下往上看，即先从用电设备开始，经控制电气元件，顺次往电源端看。看辅助电路时，则自上而下、从左至右看，即先看主电源，再顺次看各条支路，分析各条支路电气元件的工作情况及其对主电路的控制关系，注意电气与机械机构的连接关系。

通过看主电路，要搞清负载是怎样取得电源的，电源线经过哪些电气元件到达负载，以及为什么要通过这些电气元件。通过看辅助电路，应搞清辅助电路的构成，各电气元件之间的相互联系和控制关系及其动作情况等。同时还要了解辅助电路和主电路之间的相互关系，进而搞清楚整个电路的工作原理和来龙去脉。

（4）电路图与接线图对照起来看。接线图和电路图互相对照看图，可帮助看清楚接线图。读接线图时，要根据端子标志、回路标号从电源端顺次查下去，搞清楚线路走向和电路的连接方法，搞清每条支路是怎样通过各个电气元件构成闭合回路的。

5.2.3 照明平面图的识读与绘制

5.2.3.1 照明平面图的识读

照明平面图是住宅建筑平面图上绘制的实际配电布置图。安装照明电气电路及用电设备，需根据照明电气平面图进行。照明平面图上应示出下列各点，如图5-10～图5-13所示。

（1）照明配电箱、灯具、插座、照明开关等用电设备的安装位置。

（2）电缆、导线及配管的走向（包括引上、引下的位置）。

（3）照明配电箱各出线网路的线芯、回路编号。

（4）灯具数量、回路分配。

（5）包含下列内容的设计说明：

①建筑物环境的划分；

②照明电源引自何处，是否需重复接地及接地电阻值的要求；

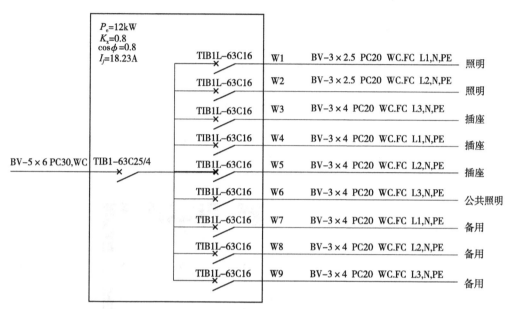

图5-10　某住宅楼照明配电系统图

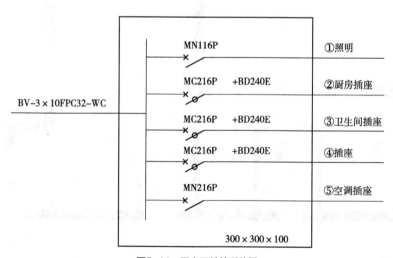

图5-11　用户开关箱系统图

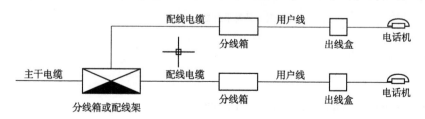

图5-12　电话系统图

③线路的敷设方式及电缆、导线的选择；

④设备的安装高度；

⑤电气设备的接地方式和采用的材料；

⑥其他。

5.2.3.2　照明平面图的绘制

绘制照明平面图时，应按以下基本方法进行：

（1）按照实际情况对各类建筑物的灯具布置、灯具的安装、回路分配、线路敷设方案进行深入的分析、研究和比选。拟定出最佳的线路走向布置方案。

（2）在建筑专业建筑图基础上绘制照明平面图。根据工程需要，还应绘制包括灯具、照明配电箱等的安装图。

（3）要标注灯具的种类、数量、功率、安装方式、安装高度。

（4）绘制照明平面图时，照明线路的路径应尽量短，并尽量减少转弯敷设。线路敷设还应考虑安装、维护方便。此外灯具的安装与线路敷设应避免与管道、设备等发生干涉。

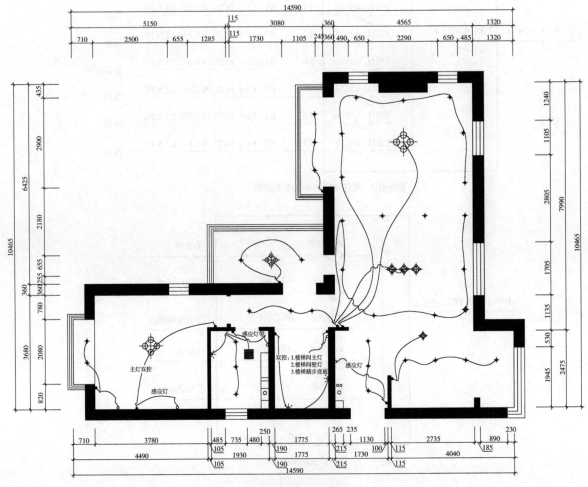

图5-13　照明平面图

习　题

1.绘制一间客厅（32m²，层高2.8m）的电气图。

2.绘制一间卫生间（6m²，层高2.8m）的水电图。

第6章
装饰工程施工图图纸会审

　　装饰工程施工图会审又称图纸会审,是指以会议的形式集中解决施工图中存在的使用功能和技术经济等疑难问题。具体说,施工单位在熟悉设计图纸、工程特点和设计意图的基础上,找出需要解决的技术难题,并制订解决方案。同时,解决图纸中存在的一般性问题,如图纸设计深度能否满足施工需要,材料说明及必要的尺寸标注是否详尽,构件之间尺寸或标高是否出现矛盾;构造是否合理;技术上是否可行并便于施工等。最终目的是完善图纸的设计质量、提高施工速度和管理水平,达到经济、美观、实用。因此,施工图图纸设计质量是业主或建设单位十分关心和关注的,是参与建设各方的共同责任。图纸会审通常由承担施工阶段监理的监理单位组织施工单位、建设单位及材料、设备供货等相关单位,在收到审查合格的施工图设计文件后进行全面细致熟悉和审查施工图纸的活动。

　　施工图是工程施工和竣工验收的主要资料,所以施工图会审是施工准备阶段的重要内容之一,未经图纸会审的工程项目不得开工。

6.1　图纸会审步骤

　　装饰工程施工图图纸会审主要包括初审、内部会审、综合会审三个阶段。

　　初审是指某专业的有关人员在熟悉图纸的基础上就施工图的详细细节进行审核。审查前,应根据设计图的内容,收集的技术资料、标准、规范、规程等,做好技术保障工作。一般由施工员、预算员、放线员等相关人员学习图纸,对不理解的地方、有矛盾的地方记录在本上,作为工种间交流的基础材料。

　　内部会审是指各施工单位组织本单位各专业如测量、材料、构造、预算、合同、财务等,对施工图进行会审。其任务是会审各专业所涉及的交叉部分,如设计标高、尺寸、构筑物设置、施工程序配合、交接等是否合理、有无矛盾。对施工中协作配合等应进行仔细会审,自行把分散的问题集中起来,须由设计部门解决的要由主持人集中记录,并根据专业不同、图纸编号先后顺序将问题汇总。内部会审由各级技术负责人从底层到高层、从专业到综合,按顺序逐步进行,将发现的问题归纳汇总待综合会审解决。

　　综合会审是指在内部会审的基础上,由装饰施工单位与各分包施工单位、设计单位、监理单位等有关单位共同对施工图进行全面审查,形成图纸会审纪要。图纸会审纪要形成后,学图、审图基本告一段落,即使以后发现问题也是少量的。

6.2　图纸会审要求及会审内容

6.2.1　图纸会审要求

　　在图纸会审时,首先要核对图纸目录,检查图纸页数是否足够、有没有缺页现象,其次审查图纸设计人员及设计单位图章是否齐全,在以上条件均满足的情况下,进行图纸会审。另外,无论进行哪个专业的图纸审查时,都要先熟读说明,便于对整个工程有一个初步的了解。

　　一般应在工程项目开工前由建设单位组织图纸会审。如果图纸不能及时供应,也可以边开工边组织图纸会审。

　　(1)图纸会审前,项目负责人应组织各专业工程师及施工人员、质检人员熟悉图纸,进行必要的核对和计算工作,深入了解设计意图和设计要点,掌握施工的关键部位,澄清图纸中的疑点。

　　(2)施工图纸及设备图纸到达现场后,应立即进行图纸会审,以确保工程质量和工程进度,避免返工和浪费。

（3）图纸会审和设计交底要实事求是，尊重设计单位意见，使设计更加先进、合理和便于施工，以保证不出现因为图纸差错而给安全、优质、环保地完成施工任务造成障碍，为编制施工方案和施工准备创造条件。加强各专业之间的配合，最大程度发现图纸中存在的问题，减少或消灭漏查项目，消除设计缺陷，在施工之前把图纸中的差错纠正。

（4）图纸会审由主持单位作好详细记录，并在单位工程开工前完成。未经图纸会审的项目，不准开工。当施工图由于客观原因不能满足工程进度时，可分阶段组织会审。

（5）委托外单位加工的加工图由委托单位进行审核后交出。加工单位提出的设计问题，由委托单位提交设计单位解决。

（6）图纸会审后，形成图纸会审记录，较重要的或有原则性问题的记录应经监理公司、建设单位会签后传递给设计代表，对会审中存在的问题由设计代表签署解决意见，并按设计变更单的形式办理手续。

（7）图纸会审记录由主持单位保留并复制发放，施工部门保持一份各专业图纸会审记录。

6.2.2　图纸会审内容

图纸会审主要解决施工图纸中的错、漏、碰、缺等问题，其主要会审内容如下：

（1）图纸会审时，应重点审查施工图的有效性、对施工条件的适应性、各专业之间和全图与详图之间的协调一致性。

（2）室内装饰结构、设备安装等设计图纸是否齐全，手续是否完备，设计是否符合国家有关的经济和技术政策、规范规定。图纸总的做法说明（包括分项工程做法说明）是否齐全、清楚、明确；装饰图与建筑、结构、水暖、通风专业图纸之间有无矛盾；装饰设计图纸（平、立、剖、节点大样）之间相互配合的尺寸是否相符；分尺寸与总尺寸、大样图尺寸之间是否一致；有无图纸落项，室内设计图纸本身与建筑构造、结构构造在立体空间上有无矛盾；大样图标准构配件图的型号、尺寸有无错误与矛盾。

（3）设计图纸提出的技术要求，与施工单位的施工能力、技术水平、技术装备是否相适应；若采用新技术、新工艺，施工单位能否实施，所需特殊装饰材料的品种、规格、数量能否解决，专用机械设备能否保证。

（4）安装专业的设备、管架、电线支架是否与工艺图、电器图、设备安装图和到货的设备要求相一致。

6.3　技术交底记录

施工技术交底是指在工程施工前由主持编制该工程技术文件的人员向施工工程人员说明工程在技术上、作业上要注意和明确的问题，交底的目的是使施工操作人员和管理人员了解工程的概况、特点、设计意图和应采用的施工方法和技术措施等。施工技术交底一般都是在有形物（如文字、形象、示范、样板等）的条件下向工程施工人员交流有关如何实施工程的信息，以达到工程实施结果符合设计文件要求或与影象、示范、样板的效果相一致。

6.3.1　交底内容及形式

（1）交底内容。不同的施工阶段、不同的工程特性，实施工程的管理人员和操作人员必须始终都了解设计交底的意图。

①技术交底应包括施工组织设计交底、设计施工技术交底和设计变更技术交底，各项交底应有文字记录，交底双方签认文件应齐全。

②重点和大型工程施工组织设计交底应由施工的技术负责人对项目主要管理人员进行交底。其他工程施工组织设计技术应由项目技术负责人进行交底。施工组织设计交底的内容包括工程特点、难点、主要施工工艺及施工方法、进度安排、组织机构的设置与分工及质量、安全技术措施等。

③施工方案技术交底应由项目专业技术负责人负责，根据专项施工方案对专业工长进行交底，如有编制关键、特殊工序的作业指导书以及特殊环境、特种作业的指导书也必须向施工作业人员交底，交底内容为该专业工程、过程、工序的施工工艺、操作方法、要领、质量控制、安全措施等；

④工程施工技术交底应由专业工长对专业施工班组（或专业分包）进行交底。

⑤设计变更技术交底应由项目技术部门根据变更情况，并结合具体施工步骤、措施及注意事项等对专业工长进行交底。

（2）交底形式。施工技术交底可以用会议、口头、沟通形式或示范、样板等作业形式，也可以用文字、图片表达形式，但都要形成记录并归档。

6.3.2 技术交底的实施

技术交底制度是保证交底工作正常进行的项目技术管理的重要内容之一。项目经理部应在技术负责人的主持下建立适应本工程正常履行与实施技术交底的制度。

（1）技术交底的责任：明确项目技术负责人、专业工长、管理人员、操作人员等的责任。

（2）技术交底的展开：应分层次展开，直接交底至施工操作人员。交底必须在作业前进行，并有书面交底资料。

（3）技术交底前的准备：有书面技术交底资料或书面样板演示的准备。

（4）安全技术交底：施工作业安全、施工设施（设备）安全、施工现场（通行、停留）安全、消防安全、作业环境专项安全以及对其他意外情况下的安全技术交底。

（5）技术交底的记录：作为履行职责的凭据，技术交底记录的表格应有统一的格式，交底人员应认真填写表格并在表格上签字，接受交底人也应在交底记录上签字。

（6）交底文件的归档：技术交底资料和记录应由交底人整理归档。

（7）交底负责的界定：重要的技术交底应在开工前界定。交底内容编制后应由项目负责人批准，交底时技术负责人应到位。

（8）例外原则：外部信息或指令可能引起施工发生较大变化时，应及时向作业人员交底。

6.3.3 技术交底注意事项

（1）技术交底必须在该项目施工前进行，并应为施工留出足够准备时间。技术交底不得后补。

（2）技术交底应以书面形式进行，并附以口头讲解。交底人和被交底人应履行交接签字手续。技术交底应及时归档。

（3）技术交底应根据施工过程的变化，及时补充新内容。施工方案、方法改变时也应及时进行重新交底。

（4）分包单位应负责分包范围内技术交底资料的交底，并应在规定的时间内向总包单位移交。总包单位负责对各分包单位技术交底进行监督检查。

6.3.4 技术交底记录表填写

表6-1为施工技术交底记录表，其填写要点主要有以下几方面。

表6-1　施工技术交底记录表

技术交底记录		编号	
工程名称		交底日期	
施工单位		分项工程名称	
交底提要			

交底内容：

审核人		交底人		接受交底人	

（1）"工程名称"栏与施工图纸中图签一致。

（2）"交底日期"栏按实际交底日期填写。

（3）当做分项工程技术交底时应填写"分项工程名称"栏，进行其他交底可不填写。

（4）"交底内容"应有可操作性和针对性，使施工人员持技术交底便可进行施工，文字尽量通俗易懂、图文并茂。当交底中出现技术规程、标准条文内容时，要将规范、规程中的条款转换为通俗的语言。

6.4　图纸会审纪要编制与管理制度

6.4.1　图纸会审的纪要编制

如表6-2所示，图纸会审记录用于设计单位向施工单位提供图纸后，施工单位在读图过程中遇到问题填写，针对施工方提出的问题，设计方应及时回复说明并提供相应的补充图纸或文字说明文件。

表6-2　图纸会审记录表格式

工程名称		御墅龙湾C区样板间室内装饰工程	共4页　第1页
参加人员会签栏	建设单位		
	设计单位		
	施工单位		
	监理单位		

序号	提出图纸问题	图纸修订意见
1	轻钢龙骨石膏板吊顶的次龙骨中距是多少？（为保证质量，可考虑中距为300mm）为防止石膏板开裂，是否可以考虑用双层9.5mm厚石膏板封面？	按照《国家建筑标准设计图集 J502-1～3》修订本，关于轻钢龙骨石膏板吊顶系统技术指标规定次龙骨间距为400mm。
2	轻钢龙骨双面石膏板隔墙的竖龙骨中距是多少？（为保证质量，可考虑中距为400mm）为防止石膏板开裂，是否可以考虑用双层9.5mm厚石膏板封面？	按照《国家建筑标准设计图集 J502-1～3》修订本，轻钢龙骨双面石膏板隔墙的竖龙骨中距400mm。不考虑双层9.5mm厚石膏板封面，按施工图纸标注执行。
3	由于现场原因实际条件的限制，走道吊顶完成面标高为2500mm，如果是1200×600的玻化砖横向排列到顶，会出现100mm高的窄条砖，如何处理？	100mm窄条部分可以用踢脚线方式处理，具体施工方式详见补充图纸。
4	根据装施图所示，地面复合地板和地毯施工面积较大，其完成面是否需要与其他地面的完成面水平？如需水平，则需要按实际情况增加水泥砂浆找平层。	特殊要求外，应保持各地面饰面的完成面在一个水平面上。根据地面饰面不同，按实际需要厚度增加水泥砂浆找平层。
建设单位签章： 年 月 日	设计单位签章： 年 月 日	监理单位签章： 年 月 日	施工单位签章： 年 月 日

图纸会审纪要应注明工程名称、会审时间与地点、参加会议的单位和人员；建设单位、施工单位和有关单位对设计上提出的要求及需修改的内容；为便于施工、施工单位要求修改的施工图纸，其商讨的结果与解决的办法，如涉及需要补充或修改图纸者，应由设计单位负责在一定的期限内交付图纸。

对图纸会审会议上所提问题的解决办法，施工图纸会审纪要中必须有肯定性的意见、在会审中尚未解决或需进一步商讨的问题、其他需要在纪要中说明的问题等。

施工图纸会审纪要文件是建筑装饰工程施工的正式技术文件，不得在会审记录上涂改或变更其内容。图纸会审纪要经建设单位、设计单位、监理单位、施工单位盖章后，发给持施工图纸的所有单位，其发送份数与施工图纸的份数相同。

6.4.2　图纸会审管理制度

（1）图纸会审工作是工程施工初期一项重要的技术工作，它对于施工全过程中明确并贯彻设计意图，纠正施工图纸差错，避免或减少浪费、损失，促进施工顺利进行，保证工程质量起着重大作用。

（2）图纸会审的时间原则上定于工程正式开工（指已签署开工报告并已批准）后10天内进行。由项目部和建设单位协商，定下具体时间后请建设单位通知设计单位、监理单位参加。若设计单位因故在规定时间内不能提供整套施工图纸，在征得甲方同意后可采用分阶段会审方式进行。

（3）因设计单位原因，不能按合同规定按时向施工单位提供全套图纸，由此而给项目部造成的工料、工期损失，主任工程师会同现场经理立即组织有关人员进行损失统计，两日内上报监理公司和建设单位。因施工图纸送达延误而使已作部分须返工的，经营部门应会同其他相关部门写出详细报告，送达监理公司和建设单位。建设单位应承担返工费用，工期相应顺延。项目有关部门应抓紧办理有关变更手续，形成文件后签字存档。

6.5　装饰施工图纸会审模拟

6.5.1　熟悉与自审图纸

（1）熟悉、审查设计图纸的目的。

①能够按照设计图纸的要求顺利地进行施工。

②能够在装修工程开工之前，使从施工技术技术人员充分地了解、掌握设计图纸和设计意图、构造特点及技术要求等。

③通过审查，发现设计图纸中存在的问题和错误，使其在施工开始之前改正，为工程施工提供一份准确、齐全的设计图纸。

（2）熟悉并掌握审查施工图纸应抓住的重点。弄清有几种不同的材料、做法及其标准图说明；地面装修与工程结构施工关系；变形缝的做法及防水处理的特殊要求，防火、保温、隔热、高级装修等的类型和技术要求。在学习和审查图纸过程中，对发现的问题应做出标记、做好记录，以便在图纸会审时提出。

（3）有效图纸到位。室内装修设计的施工图设计文件应根据已获批准的设计方案进行编制，并且需要盖相应等级资格的设计单位"设计出图章"、施工图备案"图审图章"。施工图设计文件编制顺序依次应为：封面、扉页、图纸目录、设计及施工说明书、装饰（材料）做法表、图纸等。

施工图设计文件的总体要求：

①应能作为编制工程预、决算和作为进行施工招标的依据；

②应能作为安排设备、材料订货和非标准设计的依据；

③应能作为施工和安装的依据；

④应能作为施工验收的依据。

（4）组织审查。设计方把施工图纸交给施工方与监理方，施工方与监理方先对图纸进行自审，对图纸进行全面细致的会审，审查出施工图中存在的问题及不合理情况，并提交设计方进行处理。由施工单位项目经理部组织各工种人员对本工种的有关图纸进行审查，掌握和了解图纸中的细节；在此基础上，由总承包单位内部的装修与水、暖、电等专业人员共同核对图纸，消除差错，协商施工配合事项；最后在纪要上相关四方签字盖章后，才能真正用于施工。

6.5.2 装饰施工图自审

（1）审查重点。检查各专业施工图的张数、编号、与图纸目录是否相符；施工图纸与施工图设计说明有无矛盾；立面、剖面及大样节点索引是否与指引位置相符；物料、电气、消防、水暖图则是否与图纸标注相符；平、立、剖及节点大样的尺寸、材料、标高之间有无矛盾；电施、水施、设施与装施有无冲突。具体审查内容，见表6-3所示。

表6-3 施工图初步审查

内　　容	审核情况	
一、设计说明		
图纸的编制概况、特点；图纸中出现的符号、绘制方法、特殊图例等说明	□满足	□不满足
各专业施工图的张数、编号、与图纸目录是否相符	□满足	□不满足
物料、电气、消防、水暖图则是否与图纸标注相符	□满足	□不满足
图纸的编制概况、特点；图纸中出现的符号、绘制方法、特殊图例等说明	□满足	□不满足
装饰设计在遵循防火、生态环保等规范方面的说明	□满足	□不满足
对设计中所采用的新技术、新工艺、新设备和新材料的情况说明	□满足	□不满足
装饰设计在结构和设备等技术方面对原有建筑进行改动的情况	□满足	□不满足
对工程所可能涉及的声、光、电、防潮、防尘、防腐蚀、防辐射等特殊工艺的设计说明	□满足	□不满足
施工用料和作法的说明	□满足	□不满足
二、平面开线图		
轴线编号、轴线间尺寸应保持与原有建筑条件图一致；各功能空间地面、主要楼梯平台的标高	□满足	□不满足
立面索引位置是否与立面图相符	□满足	□不满足
装饰设计新发生的室内外墙体和管井等的定位尺寸、墙体厚度与材料种类	□满足	□不满足
装饰设计新发生的室内外门窗洞定位尺寸、洞口宽度与高度尺寸、门窗编号等	□满足	□不满足
装饰设计新发生的楼梯、自动扶梯、平台、台阶、坡道等的定位尺寸、设计标高、其他必要尺寸、材料种类	□满足	□不满足
固定隔断、固定家具、装饰造型、栏杆等的定位尺寸、其他必要尺寸及材料	□满足	□不满足
三、平面布置图		
功能分区图：各功能空间的名称、面积	□满足	□不满足
家具布置图：所有可移动的家具和隔断的位置、布置方向、柜门开启方向，家具上摆放物品的位置、定位尺寸、其他必要尺寸	□满足	□不满足
洁具布置图：所有洁具、洗涤池、上下水立管、排污孔、地漏、地沟的位置；排水方向、定位尺寸和其他必要尺寸	□满足	□不满足
电气布置图：电源插座、通信和电视信号插孔、开关等的位置、定位尺寸	□满足	□不满足
消防布置图：防火分区、消防通道、消防监控中心、防火门、消防前室、消防电梯、疏散楼梯、防火卷帘、消火栓、消防按钮、消防报警等的位置；必要的定位尺寸和其他必要尺寸	□满足	□不满足
四、地面铺装图		
装饰材料的种类、拼接图案、不同材料的分界线	□满足	□不满足
装饰构成的定位尺寸、标准和异形材料的单位尺寸	□满足	□不满足
装饰嵌条、台阶和梯段防滑条的定位尺寸、材料种类	□满足	□不满足

（续）

内　容	审核情况
五、天花布置图	
轴线编号、轴线间尺寸应保持与原有建筑条件图一致；各功能空间天花的标高 详图索引位置是否与节点大样图相符 造型布置图：天花造型、天窗、构件、装饰垂挂物及其他装饰配置的位置、定位尺寸、材料 灯具及设施布置图：明装和暗藏的灯具、发光顶棚、空调风口、 喷头、探测器、扬声器、防火卷帘、疏散和指示标志牌等的位置、定位尺寸	□满足　　□不满足 □满足　　□不满足 □满足　　□不满足 □满足　　□不满足 □满足　　□不满足
六、剖立图	
天花剖切部位的定位尺寸、相关控制尺寸；地面标高、天花标高 墙面和柱面、装饰造型、固定隔断、固定家具、装饰配置和部品、门窗、栏杆、台阶等的位置、定位尺寸及相关控制尺寸 立面和天花剖切部位的装饰材料、材料分块尺寸、材料拼接线和分界线定位尺寸等 立面上的灯饰、电源插座、通信和电视信号插孔、开关、按钮、消火栓等的位置、定位尺寸 剖切部位装饰结构各组成部分以及这些组成部分与建筑结构之间的关系，详细尺寸、标高、材料、连接方式 可视墙柱面的定位尺寸、其他相关尺寸及材料 天花、天窗等剖切部分的位置和关系，定位尺寸、其他相关尺寸及材料 地面高差处的位置，定位尺寸、其他相关尺寸及标高	□满足　　□不满足 □满足　　□不满足 □满足　　□不满足 □满足　　□不满足 □满足　　□不满足 □满足　　□不满足 □满足　　□不满足 □满足　　□不满足
七、节点详图	
节点内部的结构形式，原有建筑结构、面层装饰材料、隐蔽装饰材料、支撑和连接材料及构件、配件以及它们之间的相互关系，材料、构件、配件等的详细尺寸、名称 面层装饰材料之间的连接方式、连接材料、连接构件等，面层装饰材料的收口、封边、详细尺寸以及名称 装饰面上的设备和设施安装方式及固定方法，收口、收边方式及详细尺寸	□满足　　□不满足 □满足　　□不满足 □满足　　□不满足

（2）图纸会审记录。图纸会审时，各方将自己审图时发现的问题和不清楚的地方，在会审时提出一起讨论，以求达成共识并解决问题。同时，有人专门记录图纸会审过程中提出的所有问题，编制图纸会审记录表，以便会议结束后方便检查。图纸会审记录表见表6-4。

表6-4　会审记录表

工程名称			日期	
地点			专业名称	
序号	图号	图纸问题		会审意见
1				
2				
3				
⋮				
签字栏	建设单位	监理单位	设计单位	施工单位

习　题

1.会审有哪些步骤？

2.室内装饰工程图会审时有哪些注意事项？

第7章
室内装饰施工图制图设计实例

7.1 咖啡厅施工图

"XX咖啡厅" 项目精装修工程

室内设计施工图

（完整版请扫描上方二维码）

北京七巧天工美饰设计有限公司
Beijing QiQiaoTianGong Decoration Design Co.

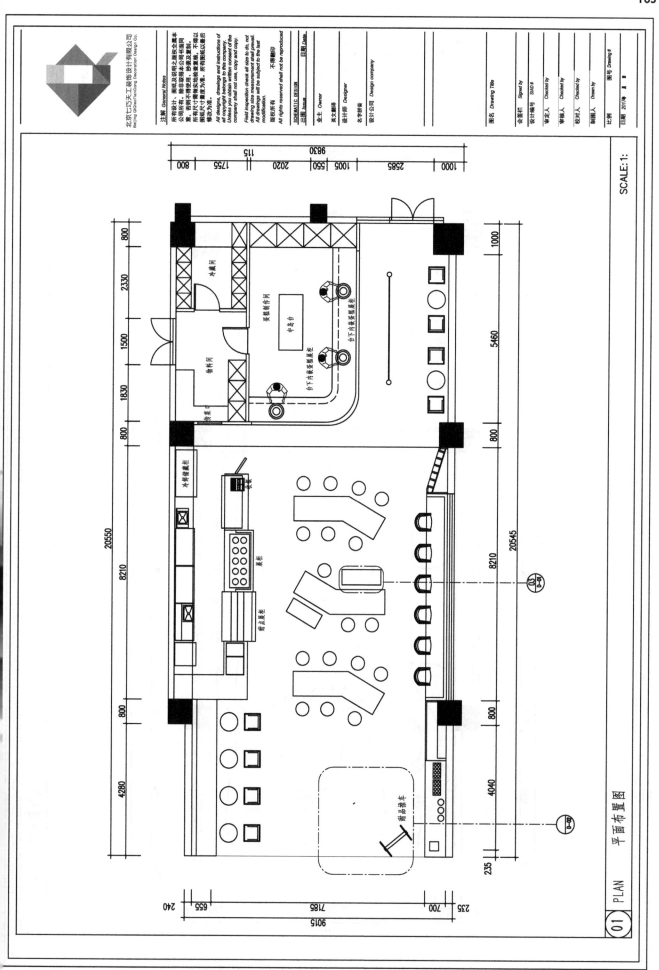

图名 Drawing Title
SCHEMATIC DESIGN
出图 Issue 日期 Date
业主 Owner
英文翻译
设计师 Designer
名字排版
设计公司 Design company

会签栏
设计编号 SNO #　Signed by
审定人　Checked by
审核人　Checked by
校对人　Checked by
制图人　Drawn by

比例
日期 2017年

SCALE: 1:

01 PLAN 平面布置图

中岛台
冷藏间
备料间
蛋糕制作间
台下内藏蛋糕柜
冷鲜蛋糕柜
甜品推车

164

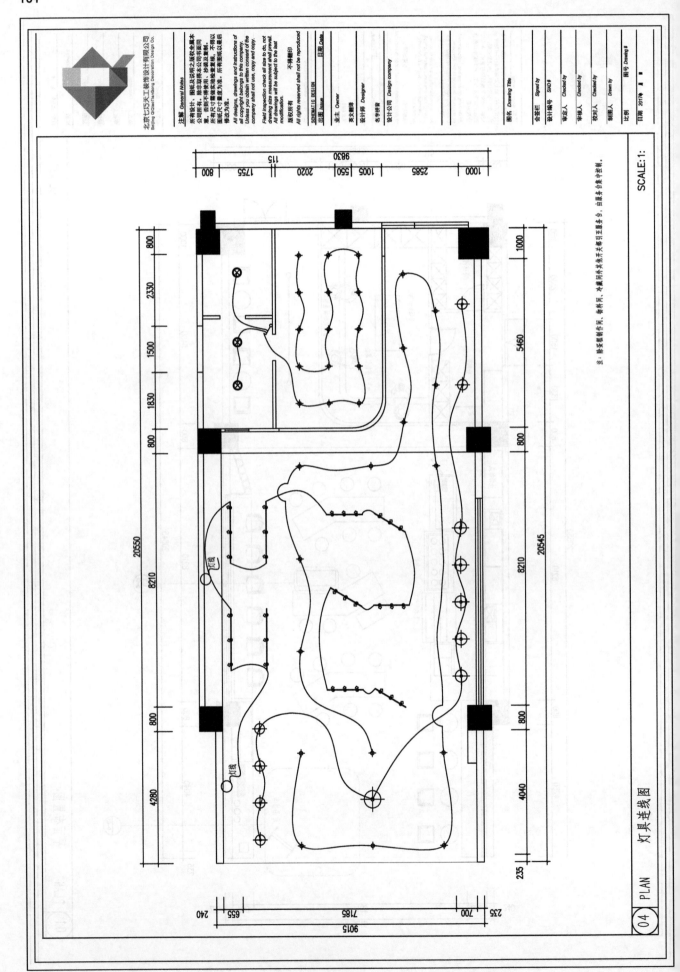

SCALE:1:

PLAN   灯具连线图

04

注：除会议室除外、餐材间、冷藏间外凭开关急开关引至暴急合、由踞多合集中控制。

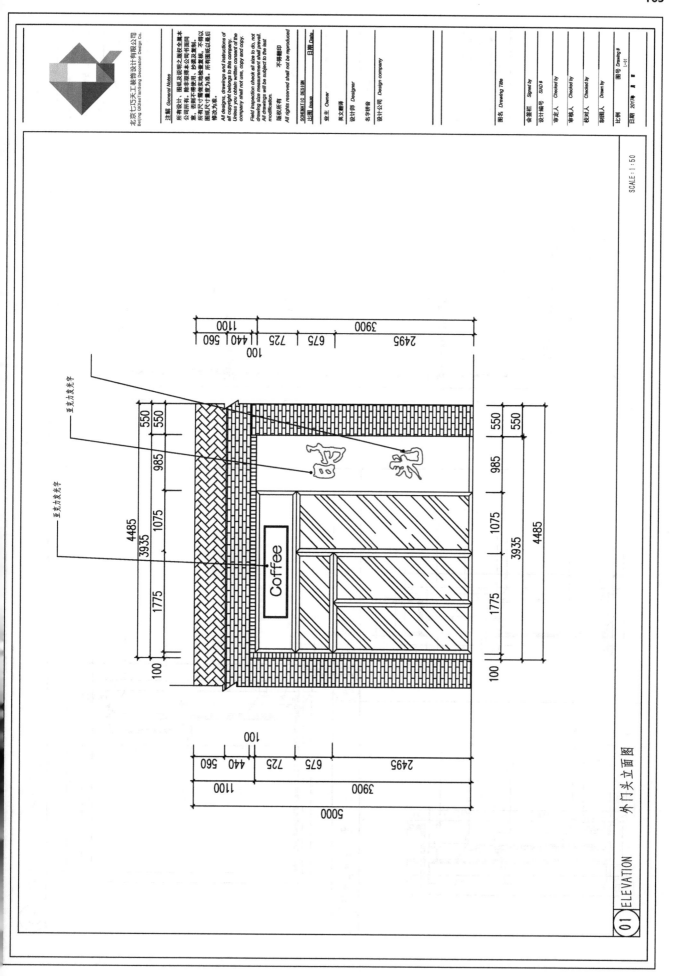

图名 Drawing Title
会签栏   Signed by
设计编号 SAD #
审定人   Checked by
审核人   Checked by
校对人   Checked by
制图人   Drawn by
比例
日期 2017年 月 日
图号 Drawing #

SCALE:1:50

亚克力发光字

亚克力发光字

亚克力发光字

Coffee

01 ELEVATION   外门头立面图

166

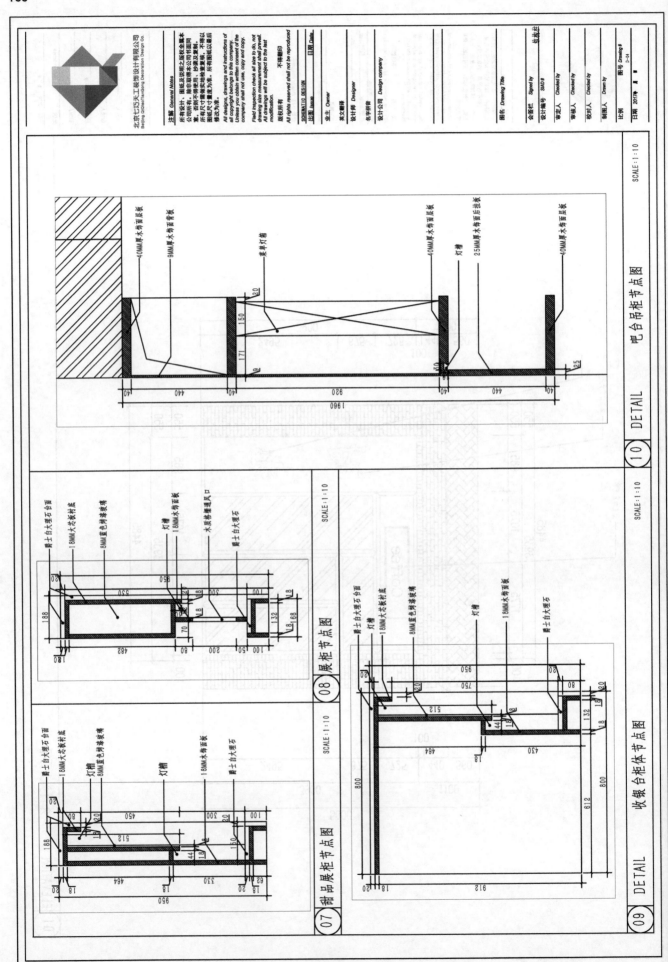

北京七巧天工装饰设计有限公司
Beijing QiQiaoTianGong Decoration Design Co.

SCHEMATIC DESIGN

出图 Issue

日期 Date

图名 Drawing Title

会签栏
设计所号
设计编号 SMO #
业主 Owner
英文翻译
设计师 Designer
名字拼音
设计公司 Design company

Signed by　终极出生
Checked by
审定人
审核人
校对人
制图人
图号 Drawing #　D-04

比例
日期 2017年　月　日

吧台吊柜节点图
SCALE 1:10
10　DETAIL

40MM厚木饰面层板
9MM木饰面背板
来单灯箱
40MM厚木饰面层板
灯槽
25MM厚木饰面后挂板
40MM厚木饰面层板

20
150
171
90
40　440　40　440　40
1960
920
40　440　40
25

爵士白大理石台面
18MM大芯板衬底
8MM蓝色烤漆玻璃
灯槽
18MM木饰面板
木质格栅通风口
爵士白大理石

188
20
860
550
70
100
18
18
132
68
200　200　150　100
80　482
180

展柜节点图
SCALE 1:10
08

爵士白大理石台面
灯槽
18MM大芯板衬底
8MM蓝色烤漆玻璃
灯槽
18MM木饰面背板
爵士白大理石

950
750
20
20
512
464
430
612
800
800
18
18
44
132
912
216

收银台柜体节点图
SCALE 1:10
09　DETAIL

爵士白大理石台面
18MM大芯板衬底
灯槽
8MM蓝色烤漆玻璃
灯槽
18MM木饰面背板
爵士白大理石

188
20
80
450
300
20
100
512
150
18
18
44
62
20
464
330
950
18
20

甜品展柜节点图
SCALE 1:10
07

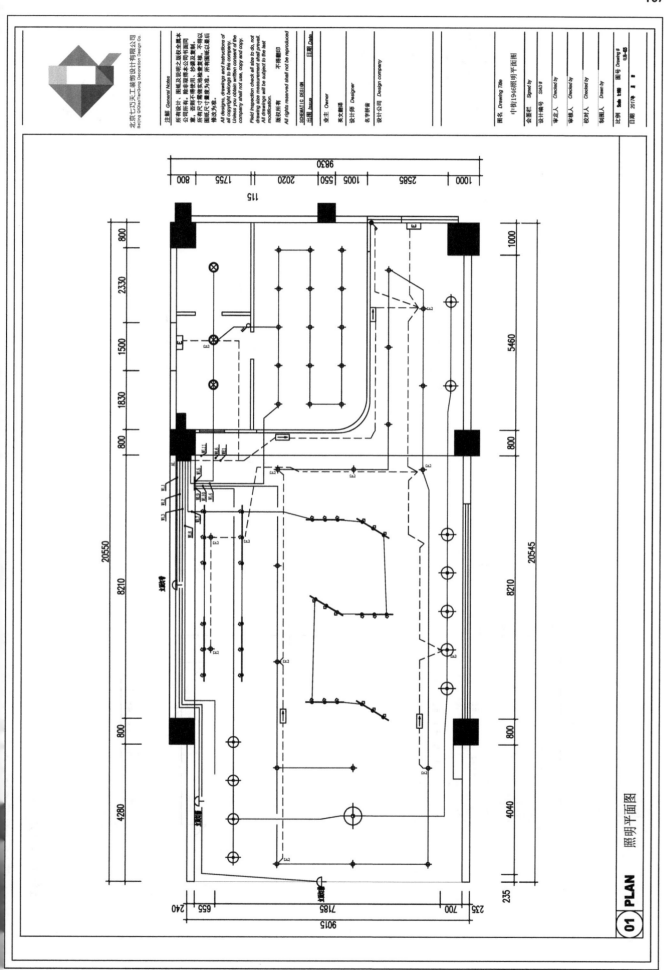

照明平面图

01 PLAN

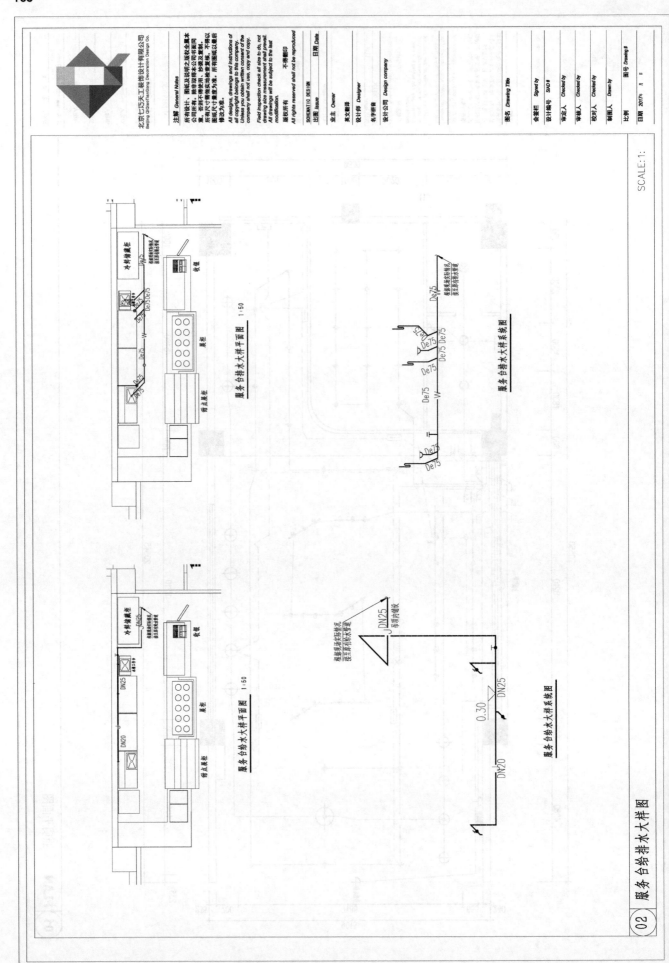

SCHEMATIC DESIGN
出图 Issue
日期 Date.

业主 Owner
英文翻译
设计师 Designer
名字拼音
设计公司 Design company

图名 Drawing Title

全签栏　Signed by
设计编号　SMQ #
设计人　Signed by
审定人　Checked by
审核人　Checked by
校对人　Checked by
制图人　Drawn by
比例
日期　2017年　月　日

图号 Drawing #

SCALE:1:

服务台给排水大样平面图　1:50

服务台排水大样平面图　1:50

服务台给水大样系统图

服务台排水大样系统图

02　服务台给排水大样图

7.2 别墅施工图

北京市XXXXXXXXX别墅

装饰设计图纸

主案设计师：王冰洁

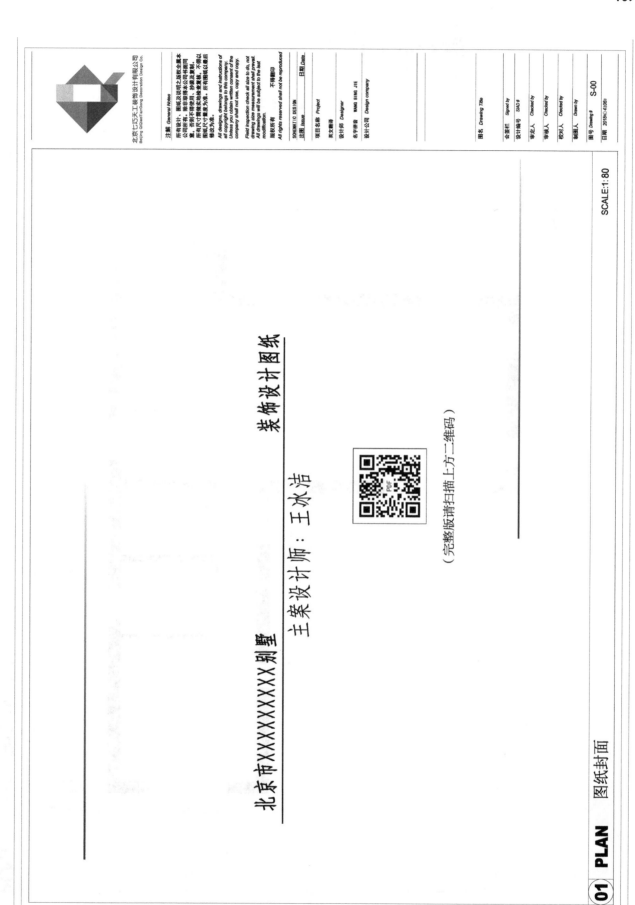

PDF

（完整版请扫描上方二维码）

SCALE:1:80

01 **PLAN**   图纸封面

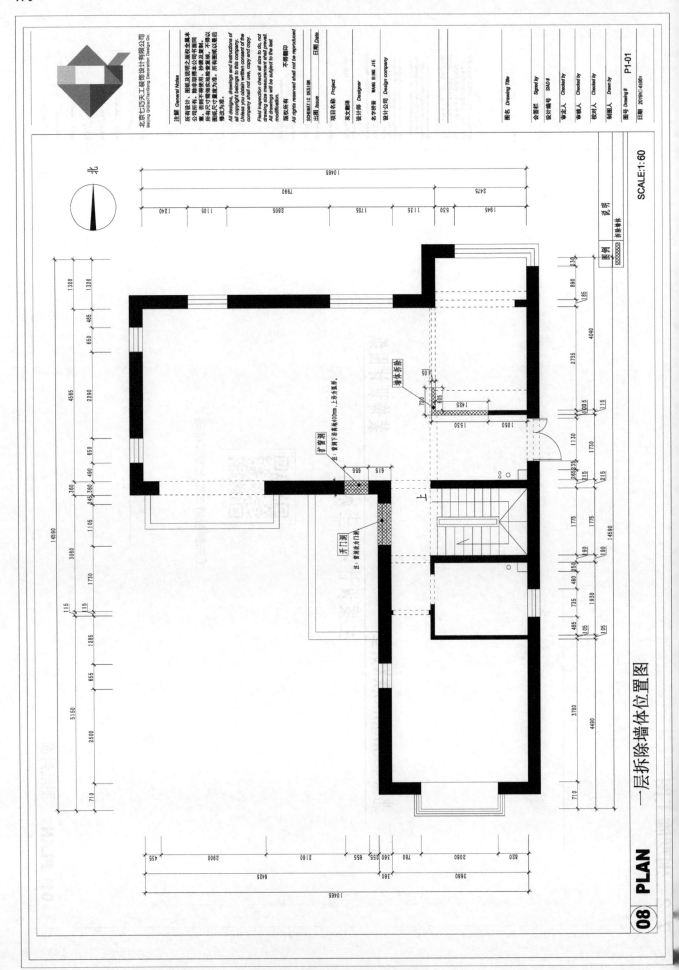

一层拆除墙体位置图

08 PLAN

SCALE:1:60

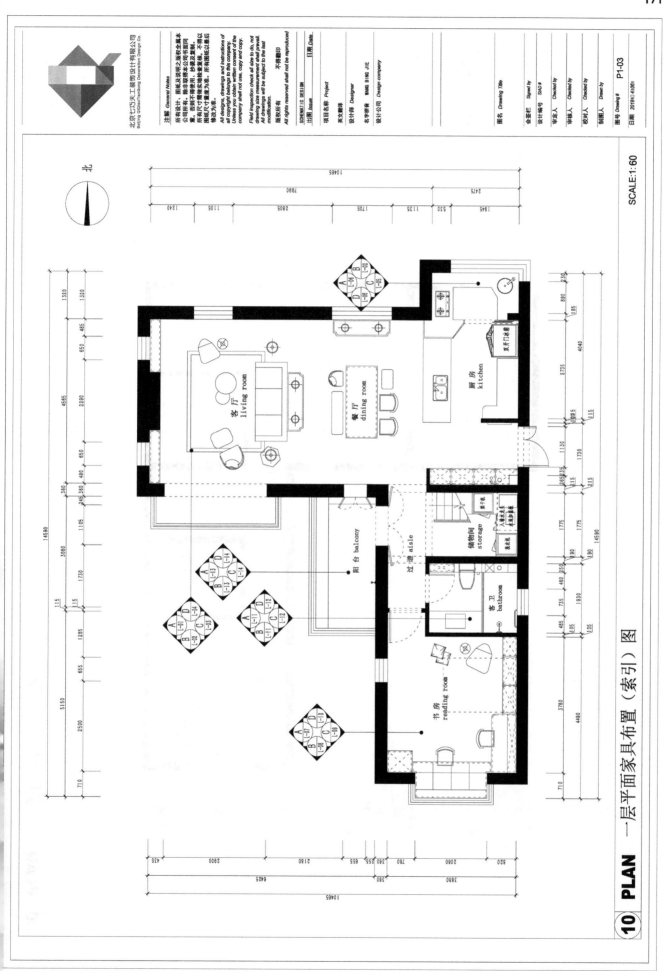

注释 General Notes

所有设计、图纸及说明之版权全属本公司所有。除获取本公司书面同意、否则不得使用、抄袭及复制。所有尺寸需做实地检查复核，不得以图纸尺寸量度为准。所有图纸以最后修改次为准。

All designs, drawings and instructions of all copyright belongs to this company. Unless you obtain written consent of the company shall not use, copy and copy.

Field Inspection check all size to do, not drawing size measurement shall prevail. All drawings will be subject to the last modification.

版权所有　不得翻印
All rights reserved shall not be reproduced

SCHEMATIC DESIGN	日期 Date
出图 Issue	
项目名称 Project	
英文翻译	
设计师 Designer	
名字拼音 WANG BING JIE	
设计公司 Design company	

图名 Drawing Title	
会签栏	Signed by
设计编号	SNO #
审定人	Checked by
审核人	Checked by
校对人	Checked by
制图人	Drawn by
图号 Drawing #	P1-03
日期	2018年04月06日

SCALE:1: 60

北

客厅 living room

餐厅 dining room

厨房 kitchen

阳台 balcony

过道 aisle

储物间 storage

客卫 bathroom

书房 reading room

10 PLAN 一层平面家具布置（索引）图

172

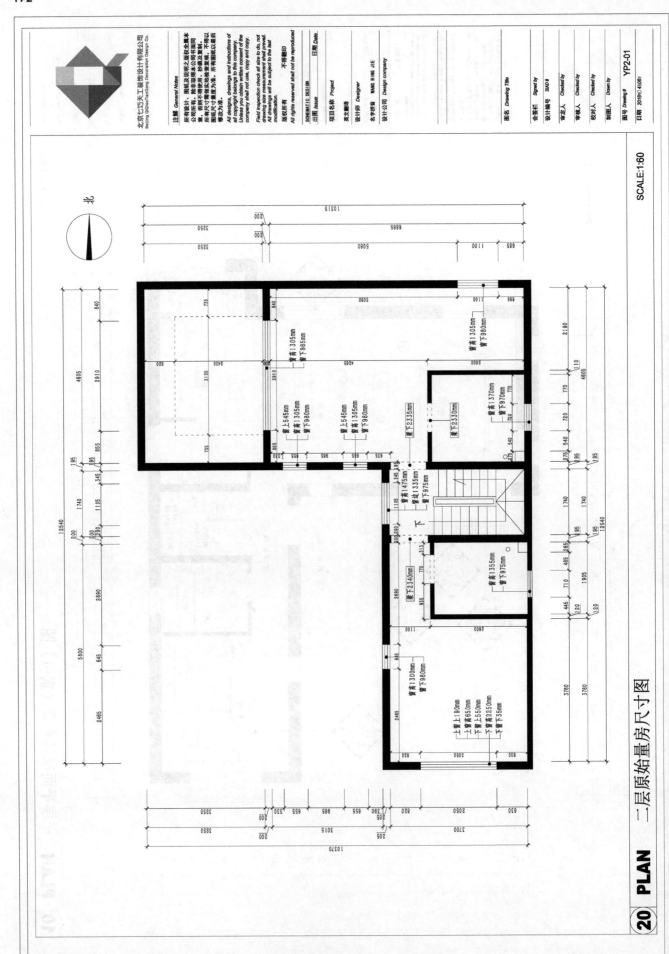

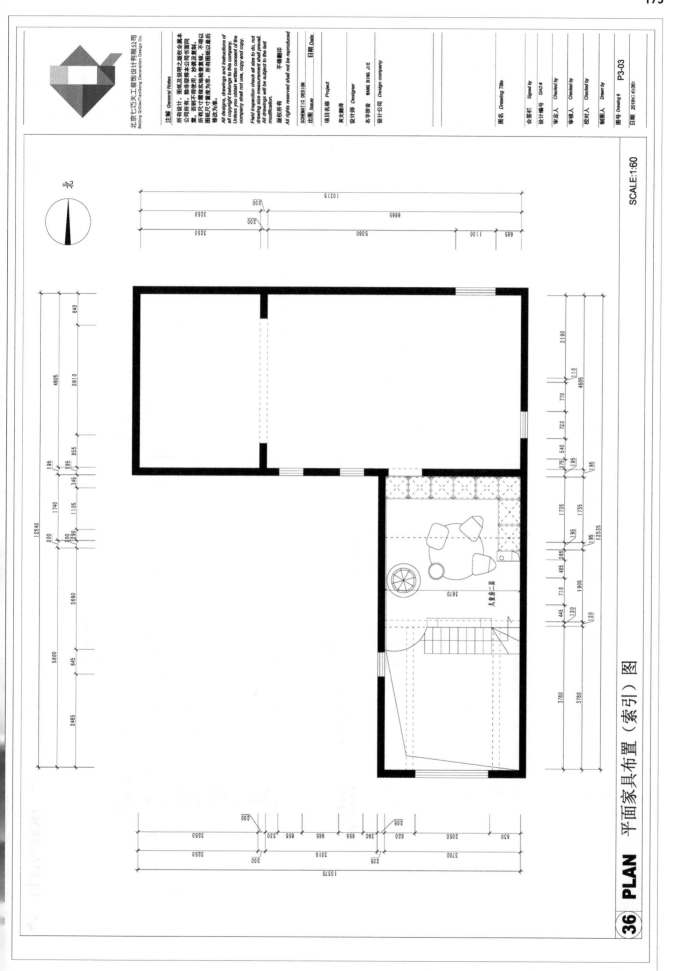

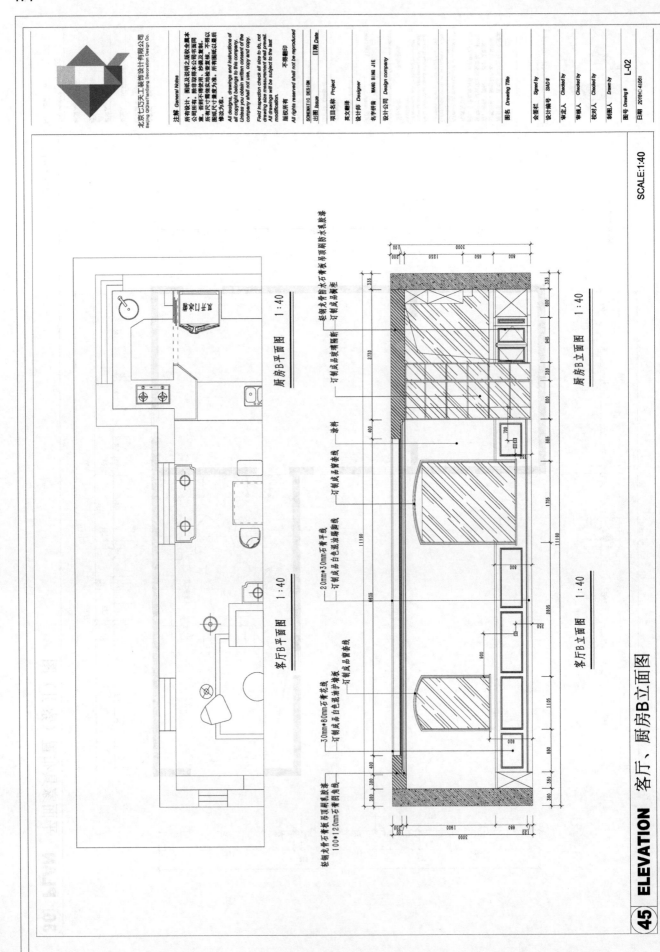

厨房B平面图　1：40

客厅B平面图　1：40

厨房B立面图　1：40

客厅B立面图　1：40

45 ELEVATION 客厅、厨房B立面图

SCALE:1:40

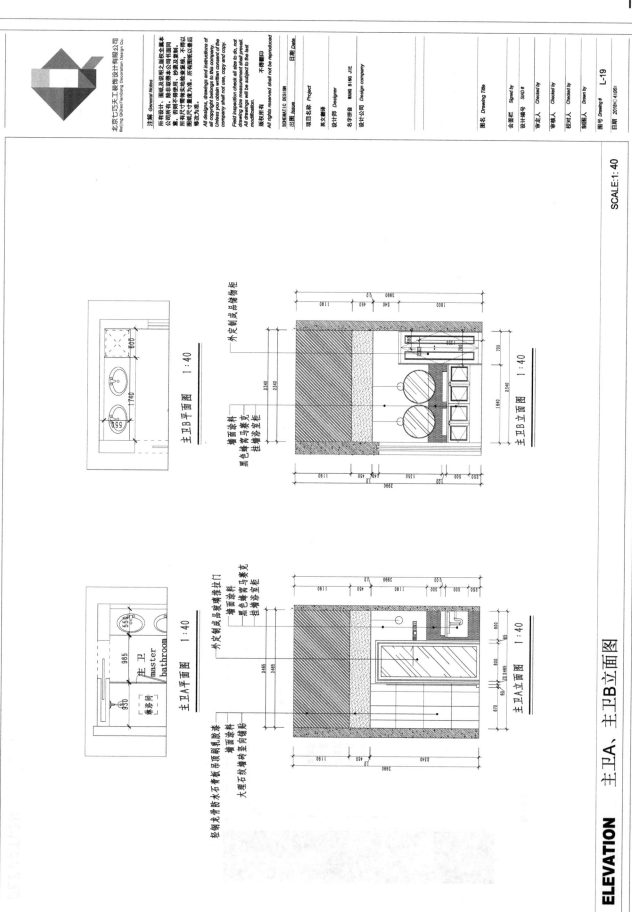

主卫A、主卫B立面图

62 **ELEVATION**

SCALE:1:40

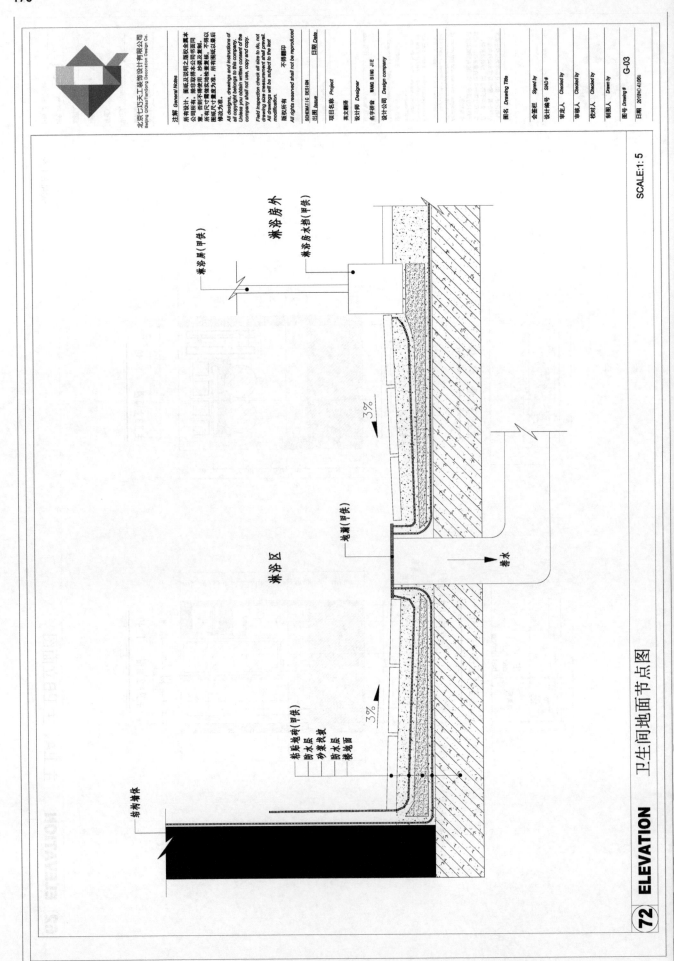

SCALE:1: 5

淋浴屏(甲供)

淋浴房外

淋浴房木塔(甲供)

3%

地漏(甲供)

淋浴区

排水

3%

粘贴地砖(甲供)
防水层
砂浆找坡
防水层
楼地面

结构墙体

72 ELEVATION　卫生间地面节点图

参考文献

《建筑装饰构造资料集》编委会. 建筑装饰构造资料集［M］. 北京：中国建筑工业出版社，2000.

KSI住宅 理念·技术·实践［R］. 2013.

Stephen Kendall. *IFFILL SYSTEMS- a new* market［R］. 2015.

曹祎杰. 工业化内装卫浴核心解决方案——好适特整体卫浴在实践中的应用［J］. 建筑学报，2014，（07）.

陈雷，王珊珊，陈妍. 室内设计工程制图［M］. 北京：清华大学出版社，2012.

陈小青. 室内装饰工程制图与识图［M］. 北京：化学工业出版社，2015.

高祥生. 《房屋建筑室内装饰装修制图标准》实施指南［M］. 北京：中国建筑工业出版社，2011.

高远. 建筑装饰制图与识图［M］. 北京：机械工业出版社，2014.

郭洪武，李黎，刘毅. 木地板的加工、铺装与环境设计［M］. 北京：中国水利水电出版社，2013.

郭洪武，李黎. 室内装饰工程［M］. 北京：中国水利水电出版社，2010.

郭洪武，刘毅. 室内装饰材料与构造［M］. 北京：中国水利水电出版社，2015.

郭洪武，刘毅. 室内装修常见问题速查［M］. 北京：中国水利水电出版社，2012.

郭洪武. 室内装饰材料［M］. 北京：中国水利水电出版社，2013.

郭洪武. 室内装饰工程施工技术［M］. 北京：中国水利水电出版社，2013.

海尔集成制造工业化住宅关键技术研究［R］. 2013.

韩力炜，郭瑞勇. 全新现货 室内设计师必知的100个节点［M］. 南京：江苏凤凰科学技术出版社，2017.

和田浩一（日）. 室内设计基础［M］. 北京：中国青年出版社，2014.

建设部《城乡建设》编辑部. 建筑工程施工图识图入门［M］. 北京：中国电力出版社，2006.

靳克群，靳禹. 室内设计制图与透视［M］. 天津：天津大学出版社，2007.

雷翔. 《室内装饰工程制图》课程的职业化教学研究［J］. 国土资源高等职业教育研究，2013（03）.

刘东卫. SI住宅与住房建设模式体系·技术·图解［M］. 北京：中国建筑工业出版社，2016.

刘甦，太良平. 室内装饰工程制图［M］. 北京：中国轻工业出版社，2012.

刘政，徐祖茂. 建筑工人速成识图［M］. 北京：机械工业出版社，2006.

卢航灯，席曙光. 房屋建筑室内装饰装修制图标准的若干问题［J］. 城市建设理论研究：电子版，2015（22）.

绿地集团百年住宅建设技术体系研究报告［R］. 2014.

沈百禄. 建筑装饰装修工程制图与识图［M］. 北京：机械工业出版社，2010.

汤留泉. 家装施工全能图典［M］. 北京：中国电力出版社，2014.

王正悟. 卧室 卫浴间——吊顶风格图集［M］. 武汉：华中科技大学出版社，2016.

魏素巍，曹彬，潘峰. 适合中国国情的SI住宅干式内装技术的探索——海尔家居内装装配化技术研究［J］. 建筑学报，2014，（07）.

吴信平，王远红. 安装工程识图［M］. 北京：机械工业出版社，2005.

夏万爽. 建筑装饰制图与识图［M］. 北京：化学工业出版社，2010.

徐勇刚. 内装工业化的实践——博洛尼基于雅世合金项目的探索［J］. 建筑学报，2014，（07）.

杨大欣. 安装工程识图［M］. 北京：中国劳动社会保障出版社，2008.

袁锐文. 装饰装修施工图设计［M］. 武汉：华中科技大学出版社，2016.

张绮曼. 室内设计资料集［M］. 北京：中国建筑工业出版社，1991.

张峥，华耘，薛加勇. 图说室内设计制图：室内设计制图［M］. 上海：同济大学出版社，2015.

张宗森. 建筑装饰构造［M］. 北京：中国建筑工业出版社，2006.

中国建筑工业出版社. 现行建筑设计规范大全［M］. 北京：中国建筑工业出版社，2005.

中国建筑设计研究院环境艺术设计研究院. 内装修. 室内（楼）地面及其他装修构造：J502-2［M］. 中国建筑标准设计研究院，2004.

中建一局集团第三建筑有限公司. SI住宅建造体系施工技术——中日技术集成型住宅示范案例·北京雅世合金公寓［M］. 北京：中国建筑工业出版社，2013.

装配式住宅建筑设计规程（报批稿）［S］. 2015.